AF853808

L'HISTOIRE DE LA PREMIÈRE AMAP

5-7, rue de l'École-polytechnique ; 75005 Paris

http://www.librairieharmattan.com
diffusion.harmattan@wanadoo.fr
harmattan1@wanadoo.fr

ISBN : 978-2-296-56406-0
EAN : 9782296564060

Denise VUILLON

L'HISTOIRE DE LA PREMIÈRE AMAP

Soutenir les paysans pour se nourrir durablement

L'Harmattan

A mes parents, mes beaux-parents, nos filles, nos petits-enfants
et à tous les enfants de la Terre

SOMMAIRE

PRÉFACE

La vie est remplie de coïncidences drôles, ma première rencontre avec l'Agriculture Soutenue par la Communauté *(CSA en anglais)* était à Ollioules en Provence en 1977, à un kilomètre ou deux des Olivades, la ferme de Denise et Daniel Vuillon. Pendant une saison ou deux, un jeune couple d'amis a loué de la terre et fait pousser des légumes pour leurs camarades. Ils rassemblaient leurs produits, les partageaient équitablement dans des caisses qu'ils livraient à deux lieux de dépôt, l'un au port de La Seyne sur Mer, et l'autre dans le village de La Cadière où je sous-louais l'appartement de deux des camarades pendant le mois de juillet. Mes amis avaient oublié de me parler du projet fermier avant de partir en vacances, donc cela a été une surprise agréable de trouver une caisse de légumes bio frais devant ma porte. Ces fermiers n'avaient aucun lien avec la communauté agricole de la région varoise, donc quand ils sont partis, il n'y a pas eu de trace de CSA jusqu'à ce que les Vuillon la découvrent à New York et ensuite la transforment en AMAP, 23 ans plus tard.

A la fin des années soixante-dix, les supermarchés français entamaient leur marche vers la dominance du marché. Ils importaient de plus en plus de leurs produits d'endroits plus au sud où la main-d'œuvre était moins chère et la production toute l'année possible. Dans ce livre, Daniel Vuillon écrit le récit concis, brillant et fulgurant des luttes de sa ferme familiale pour résister aux pressions de standardisation et de baisse de coût exercées par les marchés de masse. Toujours à l'avant-garde, Daniel Vuillon était actif dans le syndicalisme agricole et son programme de formation de Jeunes Agriculteurs. Ensuite il a pris un rôle de meneur dans les coopératives, puis il a changé d'orientation pour vendre directement à la ferme et a défriché la voie vers le développement de variétés anciennes de tomates et d'autres légumes.

Malgré ces efforts créatifs, son énorme savoir-faire d'agriculteur et son partenariat avec Denise, qui a renoncé à sa carrière d'infirmière pour gérer la boutique de la ferme, les Vuillon ont souffert de l'érosion grandissante infligée aux exploitations de petite taille par l'industrialisation et la concentration du système alimentaire mondial.

Entourée dans les années soixante par des voisins agriculteurs, la ferme « Les Olivades » a été parmi la poignée qui a survécu jusqu'au XXIe siècle. Le « libre-échange », le pétrole à bas prix et les pesticides chimiques ont dévasté l'agriculture paysanne en France, comme dans tant d'autres pays à travers le monde.

Juste au moment où l'horizon était le plus sombre, obligeant les Vuillon à fermer leur boutique à la ferme pour l'hiver, Edith, leur fille *(aînée)* a « découvert » les CSA à New York City. Vers l'an 2000 les CSA avaient un bilan solide en ce qui concerne les fermes de taille familiale aux USA. Bien qu'il y ait eu certes des déboires pour certains, bien plus nombreux sont ceux pour qui le système CSA a fourni des clients constants et fidèles et un revenu beaucoup plus stable que ce qui est possible avec d'autres formes de vente comme les marchés-fermiers ou des ventes à la petite semaine. Des CSA bien installées comme Genesee Valley Organic CSA, en lien avec ma ferme, sont devenues des institutions locales très respectées avec des familles qui restent membres pendant une décennie ou plus. Le soutien des membres a pris la forme de milliers d'heures de travail à la ferme, des dons d'argent généreux pour payer la construction de granges et d'ateliers de conditionnement, pour acheter du matériel et même de la terre. Des groupes de membres actifs du noyau ont pris sous leur responsabilité des tâches telles que le recrutement de membres, la promotion, la comptabilité, la maintenance de sites web, la distribution de récoltes non utilisées à des familles nécessiteuses et la collecte de fonds pour payer des parts (de récolte) à des membres à bas revenus. Ce soutien a libéré des agriculteurs pour qu'ils se concentrent sur l'agriculture et la formation de la prochaine génération d'agriculteurs à travers des apprentissages des visites de fermes et des ateliers (workshop). L'importance de la communication avec les membres sous forme de « nouvelles » régulières concernant les événements de la ferme par voie de bulletins d'informations des CSA a encouragé beaucoup de fermiers à devenir des écrivains s'exprimant avec facilité.

Ce sont des fermiers qui ont initié la plupart des CSA aux USA. Des groupes de consommateurs en ont initié d'autres. Dernièrement, nous entendons parler quotidiennement de montages de CSA, avec des structures légales innovantes et des combinaisons de fermes, d'associations, de marchés-fermiers et de lieux de travail. Une toute petite association, « Just Food » (de la nourriture juste) a donné l'impulsion à la CSA New-Yorkaise qu'Edith Vuillon a découverte. Just Food aide des groupes de consommateurs urbains à créer des groupes-noyaux et ensuite les couple avec des fermes qui sont localisées à entre 2 et 3 heures de route de la ville. En 2011 ils s'attendent à avoir 125 groupes de CSA urbains comportant plus de 20 000 foyers liés à 26 fermes.

Comme l'explique si clairement Denise, une CSA est un partenariat fermier-consommateur. Dans ce siècle nouveau, le mouvement « locavore » a explosé aux USA avec la vente directe depuis des petites fermes vers des consommateurs dépassant les 4 milliards de dollars par an. Mais ces fermiers rencontrent toujours des difficultés économiques sérieuses où ils peinent à payer leurs ouvriers, ainsi qu'eux-mêmes, plus que le salaire minimum. Peu de chefs d'exploitation et, pratiquement aucun ouvrier agricole aux USA, n'ont de couverture en assurance maladie, une lacune qu'il est probablement difficile à comprendre pour des Français. De toutes les formes de vente, seule la CSA oblige le partage de risque entre consommateur et fermier. Inversement, si les conditions sont bonnes, les membres reçoivent plus. C'est pourquoi les CSA prolifèrent et durent.

Des pseudos CSA (qui sont en réalité des services de bouffe par abonnement) sont peut-être plus commodes pour les consommateurs, mais ne créent pas de soutien financier régulier dont les fermiers dépendent pour que leurs fermes soient pérennes. « Peacework », ma ferme, fait partie d'un tout petit pourcentage de fermes aux USA qui n'a pas de dettes. Mes partenaires et moi-même nous payons des salaires modestes, mais nous savons que nous pouvons compter sur des traites régulières. Pendant les vingt-deux années où nous avons été en CSA, il n'y a eu que très rarement une semaine où nous n'avions rien à mettre dans les cageots. En guise d'assurance, nous cultivons de la biodiversité et faisons pousser soixante-dix types de récoltes différentes. Chaque saison, quelques récoltes donnent un rendement médiocre tandis que d'autres sont en sur-rendement. Nos membres se sont habitués à ce que chaque semaine soit une surprise et différente de toute autre. Leurs règlements ne sont pas calculés selon tant de dollars par kilo de récolte ; ils paient pour soutenir l'existence continue de notre ferme et l'agriculture comme un mode de vie indispensable à la survie humaine.

Ayant travaillé comme infirmière, Denise a une compréhension profonde de la valeur sanitaire de l'alimentation. C'est un thème commun aux CSA aux USA et surtout au Japon. La version nipponne des AMAP ou CSA, Teikei, est née quand de jeunes mères qui désespéraient de trouver une alimentation non-contaminée, sûre auprès des sources conventionnelles ont tendu la main aux agriculteurs au début des années soixante-dix. Comme l'écrit Denise : « Ce souci de santé a donc déclenché le phénomène d'association avec un producteur local, dans la confiance et la solidarité ce qui, par voie de conséquence, a aussi permis le maintien de ce paysan menacé de disparition. »

Quelques concepts très basiques et simples définissent les CSA/AMAP/Teikei : un partenariat entre une ou plusieurs fermes et un groupe de citoyens, la biodiversité, des méthodes de production écologiques qui fuient les fertilisants chimiques, les pesticides toxiques et les OGM, et l'accord des membres de payer à l'avance et prendre ce que produit la ferme pendant la saison. Au-delà de cela – comment sont recrutés les membres, comment sont effectués les paiements, quelles cultures sont plantées et en quelle quantité – sont spécifiques à chaque pays, la culture locale et même la localisation. Chaque pays comporte ses obstacles et malentendus. Comme le raconte Denise, en France, la constitution d'AMAP en associations, loi 1901 s'est avérée problématique car la loi impose la prise de décision par la majorité. Comme la voix de l'agriculteur est de loin minoritaire, des groupes de citoyens qui ne comprennent pas le besoin essentiel d'un partenariat avec le fermier peuvent voter des mesures qui rendent la continuation du fermier impossible. Au Japon les clubs de citoyens qui ont parrainé les Teikei sont restés bien trop souvent sous contrôle des activistes d'origine, maintenant sexagénaires, rendant les choses difficiles pour attirer des participants plus jeunes. Aux USA, la nourriture industrielle concurrente est si peu chère et il y a une si forte pression pour baisser les prix, que les fermiers ne demandent pas un prix suffisant pour leurs paniers et, du coup, déposent le bilan.

« L'histoire de la première AMAP » est le récit de comment Denise et Daniel Vuillon ont sauvé leur propre ferme et, ensuite, se sont dévoués avec une générosité infatigable à l'essaimage de leur découverte pour sauver d'autres fermes aussi, d'abord en France et puis en organisant des expéditions d'essaimage dans d'autres pays. Se basant sur ce qu'ils ont appris à New York, les Vuillon ont fait un travail remarquable pour adapter le modèle CSA aux besoins spécifiques de la culture française. Le nom en lui-même, Association pour le Maintien d'une Agriculture Paysanne, a une résonance particulière pour les Français qui sont profondément attachés à leur cuisine et se rappellent qu'un savoir-faire, un attachement et un terroir font la différence en ce qui concerne leur alimentation. « AMAP » ne serait pas vendeur aux USA où tout le monde, hormis des sociologues du rural, utilise le mot « paysan » comme un terme de dénigrement qui signifie « arriéré », sans éducation et pauvre. Mais en France, les AMAP ont déferlé sur le pays ; en seulement une décennie, elles ont gagné plus de 5 000 fermes et donné un nouveau mot, « amapien », à la langue française.

Adhérer à une AMAP est un défi pour les membres. Payer à l'avance des produits alimentaires que l'on reçoit au fil des mois suivants est nouveau. Les paniers continuent semaine après semaine, un flux soutenu de produits qui peut accabler des gens qui n'ont pas beaucoup de temps pour cuisiner, avec des quantités qui ne sont pas en adéquation avec des recettes familières. Pourtant, l'expansion incroyable des AMAP que décrivent les Vuillon montre que les bienfaits sont de loin plus importants que les difficultés. Les citoyens français éreintés actuels ont un désir intense des valeurs incarnées par l'agriculture paysanne. Ils veulent une alimentation qui provient de gens en qui ils ont confiance, de la nourriture qui n'a pas parcouru de grandes distances et n'a pas été touchée par d'innombrables mains ni par des substances anonymes. Des citoyens conscients sont prêts à prendre plus de responsabilité pour les bases de leur existence et les AMAP montrent un chemin vers une économie solidaire. Les AMAP, comme le décrit si bien Denise, donnent la possibilité aux femmes de retourner à la ferme comme elle l'a fait et leur procurent chaque semaine la joie d'aller chercher des produits fraîchement récoltés. Prendre leur panier à la ferme apporte une dose régulière de la nature guérisseuse.

Ce petit livre est à la fois l'histoire d'une famille paysanne classique, une histoire brève de l'établissement d'une institution signifiante nouvelle et, un guide à la création de ces partenariats fructueux entre paysans et gens qu'ils nourrissent qui vont sauver notre planète. J'espère que vous allez en tirer autant de plaisir en le lisant que moi.

Pour la paix en notre durée de vie

Elizabeth[1]

[1] Elizabeth Henderson – Agricultrice pionnière du concept CSA (équivalent AMAP) aux Etats-Unis. La GeneseeValley Organic CSA qu'elle a initiée en 1988 dure toujours. Elle représente l'agriculture biologique dans le concept de l'agriculture soutenue par la communauté dans le monde.

Les Olivades 1905
(Photo de la famille Vuillon)

INTRODUCTION

Je partage ma vie avec Daniel depuis 43 ans. J'ai épousé l'homme, mais aussi le métier d'agriculteur maraîcher que je défends viscéralement à travers ce livre. Nous avons été tous deux à l'origine du projet d'AMAP (Association pour le Maintien de l'Agriculture Paysanne). Ce duo complémentaire nous a permis d'aborder la multitude des volets qui appartiennent au concept. C'est peut-être parce Daniel et moi avons très vite ressenti le besoin de partager cette expérience, chacun avec ses mots, sa sensibilité et ses priorités, qu'à deux, nous avons plus facilement et rapidement trouvé un écho favorable à la multiplication de notre expérience.

Cela fait quelques années que j'ai envie de raconter cette histoire dans le détail, surtout depuis que j'ai compris que la pratique de l'AMAP porte en elle tous les éléments susceptibles de sauver le métier d'agriculteur paysan en voie de disparition, et de garder la terre nourricière sur laquelle il travaille. Mais il m'a été difficile d'être encore dans l'action et de faire le récit d'une aventure qui continue à nous mobiliser.

La transmission du concept n'étant pas académique et en raison des difficultés pour se rencontrer, les principes fondateurs ont parfois été appliqués avec des interprétations divergentes entraînant quelques dérives. Finalement, les dix ans écoulés depuis la première expérience, me permettent de prendre un recul plus important et de mieux nourrir la réflexion sur l'avenir et la viabilité de cette alternative économique.

Raconter l'origine du concept est en général un préambule à toute action d'essaimage. Cela fait toujours partie du processus de transmission. « Cette histoire » intéresse et convainc à la fois le cultivateur en recherche d'une solution économique et le consommateur prêt à se lancer dans la démarche.

Le livre commence par le récit de Daniel, son parcours de paysan évoluant dans une perspective qui, à son insu, lui a permis de fonctionner sur-le-champ dans ce concept, aux Olivades, un lieu qui rassemble tous les éléments propices à l'installation de la première AMAP. A la fin du livre Daniel consacre un chapitre à la sauvegarde de ces terres menacées par la pression foncière. Pour ma part, je raconte la découverte du concept et le vécu de toutes ces rencontres. La mise en place, la méthode dans les détails et dans la diversité des champs d'action, puis les dix ans d'implication pour partager cette expérience.

Le livre donne la parole à d'autres paysans et d'autres témoins, initiateurs locaux de l'AMAP, qui s'expriment à leur tour et en sont toujours les acteurs et les dignes représentants.

Cet ouvrage fait aussi le lien entre la recherche d'autonomie, l'insécurité alimentaire et le maintien des agriculteurs locaux et ceci, sur toute la planète.

Dix ans après la première expérience, il me semble utile de poser les bases fondamentales de la pratique du système. Les facteurs de réussite n'ont pas changé. Les mêmes piliers indispensables portent le projet et le même état d'esprit habite et motive encore les acteurs. Je vous invite à les découvrir ou les retrouver.

NAISSANCE DU PROJET

Un paysan, une ferme

Je m'appelle Daniel VUILLON, j'ai 66 ans et je suis agriculteur depuis 1972. L'histoire de ma vie professionnelle est une succession d'engagements divers : syndicalisme et développement agricole, organisation économique et coopération, résistance et biodiversité et enfin les AMAP.

Le fil conducteur de ces engagements a toujours été la recherche permettant d'assurer une pérennité au métier d'agriculteur sur une exploitation à dimension familiale.

Cet attachement à cette terre des Olivades s'explique d'abord parce que j'y suis né, ensuite parce qu'elle est dans ma famille depuis 1804 et enfin parce que j'ai vu mon père la modeler petit à petit avec sa force et son courage, comme l'avaient fait avant lui les générations précédentes. Et nous avons pensé avec Denise qu'il fallait continuer à la préserver à notre tour.

La ferme « Les Olivades » est une propriété agricole familiale située à l'ouest de Toulon dans le Var, sur les communes d'Ollioules et de La Seyne sur Mer. Elle était autrefois plantée d'oliviers et de céréales dont l'aire de battage du blé, toujours en état, au sud-est du corps de ferme est le vestige séculaire.

Après la révolution, en 1804, la ferme est achetée par un prêtre du nom de Sénéquier. Dans la maison se trouve toujours la chapelle qu'il a construite, où il donnait les offices pour les habitants du quartier.

Petit à petit la vigne remplace les céréales ; une cave est édifiée sous la chapelle et la vinification s'effectue sur place. Il réalise aussi autour de la maison, sur le modèle des bastides provençales, de jolis jardins dits « jardins de curé » et plante de nombreux arbres d'ornement, dont on peut encore aujourd'hui admirer quelques spécimens. A sa mort, il lègue ce patrimoine à sa nièce, Madame Marie Loro Gautier, sa plus proche parente, qui est mon arrière-grand-mère maternelle.

Le moulin à vent des Olivades – 1904
(Photo de la famille Vuillon)

Les cultures sont alors confiées à un fermier et ma famille, originaire de Toulon, vient aux Olivades pour les vacances.

Il y a de l'eau et cinq puits sur la ferme. Mon arrière-grand-père, Germain Loro, médecin à La Seyne sur Mer appelé « le médecin des pauvres », fait construire le moulin à vent pour pomper l'eau du puits. L'éolienne envoie l'eau dans des réservoirs disposés sur la façade nord de la maison. L'eau courante est amenée aux deux étages par gravitation. Cette installation fut inaugurée en 1904, mais il n'en reste que le piétement à balustre qu'on voit au bord du chemin. Le belvédère donne le signe distinctif de la maison dans le paysage.

Mon arrière-grand-mère fait de son mieux pour maintenir les cultures et entretenir la maison.

Mes grands-parents maternels ont trois filles dont Geneviève, ma mère, qui hériteront des Olivades. Mon grand-père paternel, Antoine Vuillon, d'origine stéphanoise et lyonnaise décide de venir s'installer dans le midi. Il achète la propriété voisine appelée « La Garenne » avec sa femme, sa fille et ses quatre garçons. La maison des Vuillon est située sur la colline au-dessus des Olivades. Les jeunes voisins font connaissance, Jules et Geneviève (Ginette pour les intimes) se marient en 1938. Ils ont trois garçons, dont votre serviteur, et décident de s'installer aux Olivades.

A partir de ce moment-là, Jules Vuillon devient le fermier de l'hoirie Giraud, du nom des trois sœurs, ma mère et mes tantes, propriétaires des Olivades.

Il est à l'époque, difficile de vivre de la vente du vin de table et de l'huile d'olive. Petit à petit, mon père va reconvertir l'exploitation vers d'autres productions, limité en cela par le manque de ressources en eau pour la saison de production d'été.

Dans les années cinquante, mon père passe de la traction animale au « tracteur » puis se lance dans la monoculture de l'artichaut *Macau* ou *Blanc hyérois*, dont la pleine production est au mois de mai et ne nécessite que peu d'eau en période estivale. Je me rappelle l'avoir aidé à aller chercher, avec le cheval, des charrettes d'algues, à 6 km des Olivades. Selon le sens du vent, nous ramenons le varech de la plage des Sablettes à La Seyne sur Mer ou des Lônes, à Six-Fours-les-plages. On l'utilise pour amender la terre mais aussi en raison du sel qu'il contient qui permet de retenir l'humidité au pied des cultures comme un « paillage ».

Toute cette production de primeurs est expédiée par le train vers Lyon et Paris. La Ville d'Ollioules, comme la région hyéroise, est réputée pour être la « primeur de France », c'est-à-dire la première. Tous les soirs, les premiers artichauts, premiers petits pois, premières tomates, premiers melons, premières pommes de terre... sont expédiés par train de marchandise.

Jules loue des terrains autour d'Ollioules pour cultiver ses artichauts. Dans les années soixante, il a l'opportunité d'agrandir les Olivades en achetant un terrain mitoyen à un voisin, en son nom propre. Il dira plus tard à ses trois fils qu'ils pourront y bâtir leur maison. Mais il évoque aussi les possibles problèmes de succession de l'hoirie. En effet, à la fin des années quatre-vingt-dix, Jules donnera son accord pour que ce terrain attenant aux Olivades soit vendu pour payer leur part de succession aux autres descendants de l'hoirie.

Mais revenons à Jules et sa production d'artichauts. La concurrence de l'Italie et la mise en place de l'ébauche de ce qui deviendra le marché commun agricole sont perçues négativement par les producteurs de notre région. En effet, les Italiens ont des coûts de productions plus faibles (main-d'œuvre en particulier), le transport est subventionné jusqu'aux frontières par le gouvernement italien et ils n'ont pas de droits de douane. L'augmentation permanente de l'offre aboutit à une baisse des prix payés aux producteurs. Mais la demande est importante, les consommateurs sont encore attachés au rythme des saisons et à la gamme de produits primeurs.

Aux Olivades, l'ouverture du marché commun et la concurrence de l'Italie d'une part, la grève générale de mai 1968 d'autre part, contribuent à réduire la rentabilité de cette activité.

Dans les années 1970, mon père diversifie petit à petit ses productions vers le débouché de consommation local pour le marché de gros de Toulon Sainte-Musse. L'arrivée de l'eau du Verdon par le « Canal de Provence » en 1977 apporte la possibilité d'élargir encore plus la gamme de production, même en période estivale. La perspective de pouvoir irriguer, de maîtriser la pression de l'eau, transforme l'agriculture, mais cette prouesse arrive déjà un peu trop tard pour les maraîchers de moins en moins nombreux.

En 1969, je suis étudiant et Denise est infirmière quand nous nous unissons par les liens du mariage. Un an plus tard viendra au monde notre première fille Edith suivie d'Agnès, deux ans après.

Aux Olivades, mes deux frères et moi, depuis notre enfance, aidons chaque saison au mois de mai au ramassage des artichauts qui dure un mois et demi. Mais cette monoculture que pratique mon père ne peut pas nourrir une famille de plus aux Olivades.

Avec mon frère Alain, en 1972, nous nous installons à la Monette, une ferme à trois km des Olivades sur la commune voisine. Denise garde son métier d'infirmière quelques années, mais, après la naissance de notre deuxième fille, elle s'impliquera petit à petit dans nos travaux avant de faire le choix définitif de l'agriculture en 1987 pour s'occuper du point de vente directe et ensuite s'impliquer totalement dans la mise en place de l'AMAP.

Notre projet est de produire des fruits et des légumes pour les vendre directement sur le marché de détail de La Seyne sur Mer. Or, nous sommes tout de suite confrontés au problème du foncier avec la mise en place de l'autoroute B52, reliant Marseille à Toulon qui coupe en deux l'exploitation agricole « La Monette » que nous venons de prendre en fermage.

Le passage de cette autoroute induit une perte de surfaces agricoles sur les terres en fermage de la Monette. Pour récupérer 3 ha perdus par le tracé nous intensifions les modes de production et construisons les premières serres plastiques. À l'époque, l'énergie est très bon marché, et il n'y a pas de difficulté pour chauffer les serres. Il n'y a encore aucune importation : on ne trouve sur le marché que les produits de saison. Grâce à notre installation moderne et les nouvelles techniques, nous récoltons au printemps des produits d'été. Cette production primeurs de serres est appréciée et elle est viable. Nous développons ce système, jusqu'à atteindre 1,5 ha de production sous tunnels.

Les engrais chimiques et les pesticides accompagnent ces nouvelles techniques de production qui nous sont fortement conseillées. Pendant 7 ans, jusqu'en 1980, nous écoulons nos produits sur le marché de La Seyne sur Mer.

En mai 1968, pendant mes années universitaires et ma préparation à l'école d'agronomie, je prends conscience de l'intérêt de se rassembler et se regrouper sur un même axe de travail et les mêmes objectifs. C'est la raison pour laquelle je m'investis au sein des structures agricoles et des syndicats de l'époque comme jeune agriculteur. Il faut se former et s'adapter aux nouvelles techniques. Les conseillers agricoles accompagnent les agriculteurs vers les nouveaux marchés. C'est l'entrée dans l'agriculture productiviste et la compétitivité. Mon père, toujours opposé à nos formes de développement du métier, estimait que je perdais mon temps, mais était malgré tout admiratif devant les bons résultats tant sur la quantité que sur le visuel de nos produits.

Dès 1973, le premier choc pétrolier a un impact sur nos productions, il ne va cesser d'augmenter nos coûts d'exploitation et la situation se dégrade de saison en saison.

L'ouverture des frontières et l'arrivée de l'Espagne dans le marché commun vont petit à petit faire disparaître la notion de primeurs. Sur les étalages, on voit de plus en plus de produits de contre-saison provenant de régions plus au Sud.

C'est aussi à cette époque que s'est ouvert le premier hypermarché dans la région : un Mammouth, à La Seyne sur Mer faisant suite à un développement important de supermarchés sous l'enseigne Casino.

J'évolue parallèlement dans les organisations professionnelles agricoles : en 1973 a lieu la fusion des syndicats agricoles de chaque commune et nous créons le SALOV (Syndicat Agricole du Littoral de l'Ouest Varois) dont je suis président jusqu'en 1980. Ses commissions spécialisées sont : horticulture, maraîchage et viticulture. Tous les agriculteurs, jeunes et anciens, sont regroupés et petit à petit le syndicat englobe le Groupement de Développement Agricole : GDA de l'Ouest Varois. La partie viticole de l'appellation Bandol nous rejoint aussi. Le GDA reçoit l'aide de la Chambre d'Agriculture avec l'appui de cinq techniciens agricoles. La rencontre avec Michèle Salmona[2], Docteur en sociologie et chercheur au Centre d'Anthropologie Université de Paris X, dans le cadre d'une recherche-action sur le travail des maraîchers, a été déterminante pour la sensibilisation à la pénibilité du travail de maraîcher et aux besoins de formation des agriculteurs.

---

[2] S*ouffrances et résistances des paysans français,* Michèle Salmona, éditions L'Harmattan – *Les paysans Français, le travail, les métiers, la transmission des savoirs*, Michèle Salmona, L'Harmattan

A l'apogée de leur fonctionnement, le Groupement de Développement Agricole et le Syndicat Agricole du littoral Ouest varois sont très dynamiques. Ils sont aussi liés au Centre Départemental des Jeunes Agriculteurs et à la Fédération des syndicats d'exploitants agricoles du Var. L'objectif principal de nos diverses structures est la défense de l'agriculture locale. Nous nous regroupons pour faire des actions de promotion, pour la mise en marché de nos produits par les coopératives, nombreuses elles aussi. C'est souvent les mêmes hommes et femmes que nous retrouvons rassemblés dans ces structures. L'autre point commun à tous les agriculteurs, repris par le SALOV, concerne les actions revendicatives pour défendre le foncier. C'est le moment où les POS (Plans d'Occupation des Sols) se mettent en place et décident de la vocation d'un espace communal. Le problème de l'injustice créée par les décideurs n'est d'ailleurs toujours pas résolu : la valeur foncière est si différente selon la situation, d'un côté ou de l'autre de la limite imposée par le POS. Or, cette injustice n'a jamais été compensée. Sur ce sujet en 1972 le GDA s'associe à un groupe de travail sur l'élaboration d'un POS avec péréquation sur la Commune de La Cadière (Var). C'est un calcul qui doit contribuer à niveler le prix du foncier quel que soit le zonage sur la commune et ainsi, amoindrir les injustices créées par les limites de chacune des zones du POS. Ce projet pilote restera à l'état de projet. Il entrera au programme d'enseignement sur la gestion des territoires à l'Ecole Nationale d'Administration !

A la Monette, nous continuons les légumes et les fraises primeurs et parallèlement, en 1977, je rentre au Conseil d'Administration de la Coopérative maraîchère de Sainte Musse.

A la même époque, je suis élu à la Mairie d'Ollioules pour un mandat ; il me semble nécessaire de défendre une véritable politique agricole locale, qui part du foncier jusqu'à l'économique en passant par des investissements spécifiques et publics comme l'eau du Canal de Provence et le Schéma Directeur d'Aménagement et d'Urbanisme de l'aire toulonnaise (SDAU).

Mais revenons à la Monette à la fin des années 1970.

Sur le marché de La Seyne sur Mer nous commençons à ressentir l'influence des grandes surfaces. Nous observons une baisse de la fréquentation du marché et un vieillissement de la clientèle. Les consommateurs qui travaillent le matin vont dans les grandes surfaces pour des facilités d'horaires, de parking et de rapidité. En 1980 nous décidons d'arrêter la vente sur le marché. Nous apportons nos productions à la coopérative de Sainte Musse située sur le marché de gros de Toulon.

Nous sentons bien à cette époque que les choses sont en train de changer :

– La présence de plus en plus grande de la production espagnole malgré les manifestations et les camions renversés.

– Une baisse des prix due à la concurrence.

Nous sommes tenus à une standardisation des produits où, pour la première fois, nos productions doivent s'adapter au marché alors que jusque-là le marché s'est toujours adapté aux produits.

À chaque revendication, on nous reproche de ne pas savoir vendre, de ne pas être performants, de ne pas savoir suivre notre produit jusqu'au bout de la chaîne.

Qu'à cela ne tienne, nous nous investissons dans le volet commercial. Avec le GDA, nous faisons beaucoup de formation à la gestion et la comptabilité. Nous choisissons d'entrer dans les organisations économiques de la profession, tout particulièrement de la coopération.

Je quitte donc le SALOV et le GDA en 1980 pour devenir Administrateur délégué à la Direction de la coopérative maraîchère de Sainte Musse à Toulon et me concentrer sur la commercialisation. Je reprendrai mon implication dans le syndicalisme agricole au sein de la Confédération Paysanne du Var à la fin des années quatre-vingt-dix.

A la Coopérative Maraîchère de Toulon, nous nous confrontons aussi aux pratiques de la grande distribution. La plupart des coopératives agricoles de fruits et légumes de Provence disparaîtront au cours des années quatre-vingts. Par contre la grande distribution connaît dans le même temps une progression exponentielle ! En tant qu'organisation économique agricole devant commercialiser la production de ses adhérents, il n'est pas possible de passer à côté du phénomène de société qu'est la grande distribution. L'absence de règles entraîne la faillite d'un nombre très important de leurs fournisseurs chaque jour un peu plus étranglés. Le petit commerce de proximité agonise. Le bilan social de ces années-là est désastreux.

En 1984 je retourne sur les terres familiales aux Olivades pour faire du maraîchage et prendre la suite de mon père. Denise fait des remplacements d'infirmière. Alain reste à la Monette et se spécialise dans la fleur coupée. En 1985 la SCEA (Société Civile d'Exploitation Agricole) les Olivades est mise en place, pour permettre le fonctionnement des Olivades dans un contexte où mon père Jules prend sa retraite.

En 1987, nous livrons quotidiennement, en demi-gros, les supermarchés du coin. Cette année-là, nous démarrons l'expérience de la vente directe à la ferme tenue et gérée par Denise. Nous faisons aussi une expérience de regroupement de cinq fermes maraîchères en ceinture verte de Toulon : *Les jardins et vergers du littoral.* Après la fermeture de la Coopérative de Sainte Musse, nous cherchons une solution pour vendre nos productions. Chacun ouvre un point de vente à la ferme. Pour optimiser l'offre de produits et réduire la charge de travail de chacun, nous nous répartissons certaines productions. Nous les échangeons trois fois par semaine. Nous faisons aussi, du dépôt-vente d'autres produits locaux comme les volailles fermières, les fromages de brebis du Haut Var, le vin de Bandol etc. La Chambre d'Agriculture du Var, qui se doit de faire la promotion de l'agriculture locale, n'apprécie pas cette organisation qu'elle juge trop commerciale. Elle nous retire à tous, le panneau « produits de la ferme ». Nous en restons tous stupéfaits. Nous continuons notre activité, nos points de vente attirent de plus en plus de consommateurs, mais l'économique ne suit pas. Nous sommes contraints d'aligner nos prix de vente sur le cours du marché, mais nos coûts de productions eux sont indexés sur le prix de la vie. Petit à petit nos amis fermiers arrêtent leur activité. Notre système aura duré une dizaine d'années.

Depuis 1988, la Mairie d'Ollioules semble s'obstiner à chercher un prétexte pour nous exproprier comme expliqué dans ce livre à « La Sauvegarde des Olivades. » Devant notre résistance, un des arguments du Maire était : « *Vous ne pouvez plus faire des cultures de plein champ aux Olivades, ça prend trop de place* ! » Un peu plombés par ces paroles, nous sommes sans réaction, et sans réponse.

L'ouverture de l'hypermarché et l'échangeur autoroutier qui l'accompagne en 1989 participent à une dégradation considérable de l'environnement proche des Olivades. Nous nous retrouvons brutalement projetés de la campagne à la ville. L'horizon de nos parcelles se modifie, les chemins s'agrandissent et la circulation routière augmente aussi. Les sacs plastiques dans les arbres, les éclairages nocturnes, le brouhaha incessant des semi-remorques et le déchargement des marchandises : nous voici confrontés à un environnement plus citadin que semi-rural.

Le développement du point de vente à la ferme me pousse à offrir une gamme de produits très diversifiés. Dès 1989 je m'intéresse à la biodiversité, au point de réaliser une collection de courges qui va augmenter régulièrement tous les ans jusqu'à atteindre 180 variétés différentes. En 1996 Edith et Agnès, nos filles, écrivent un livre de cuisine « Secrets et saveurs des cucurbitacées des Olivades », préfacé par Alain Ducasse. Agnès obtient le prix « Défi jeunes » de la délégation régionale du ministère des sports et de la jeunesse. Nous ne partons pas souvent en vacances. La plupart des congés scolaires de nos filles se passent aux Olivades où le travail nous occupe tout l'été. Aussi, dans les années quatre-vingt-dix, elles sont capables de nous remplacer sur la ferme et sur le point de vente, quand nous partons une semaine de temps en temps.

En 1991, toutes les enseignes des grandes surfaces décident de ne plus commercialiser, en été, des tomates de plein champ. Elles ont soi-disant des défauts que les tomates produites hors sol et sous serre, n'ont pas. Je vendais pourtant à la grande surface voisine, des tomates en été et des salades en hiver sous contrat. Mais cette année-là, en plein mois d'août, nos tomates gorgées de soleil sont restées dans les champs. La grande surface nous les refuse. Dans les rayons des supermarchés apparaissent les premières tomates industrielles, produites hors sol en Belgique, chères et insipides. Tout autour de la planète et du Nord au Sud, il n'y a plus que trois sortes de tomates : la *ronde*, la *grappe* et la *cocktail*. C'est le produit le plus standardisé. Ce constat a déclenché mon changement d'orientation vers la biodiversité des productions. Dès l'année suivante, en réaction, je cultive des variétés de tomates anciennes qui nous donnent entière satisfaction par leur bon goût. Techniquement c'était un pari, commercialement au début c'était difficile. Pour être sûr d'en réussir une certaine quantité, j'en produis beaucoup. Par bonheur, déjà, au stade de plants, elles sont magnifiques et de nombreux jardiniers amateurs en ont bien profité quand nous faisions la vente de plants. La culture de ces tomates s'avère simple et elles semblent avoir trouvé un terroir pour s'épanouir, pour notre plaisir gustatif. Chacune conserve son caractère et sa productivité, très faible en général. La tomate ancienne devient une spécialité des Olivades. Cette originalité a interpellé quelques grands chefs de la gastronomie. Cela a commencé par une invitation en 1993 d'Alain Ducasse, au restaurant le Louis XV de l'Hôtel de Paris à Monaco, suite à un article de presse sur le sujet. Soucieux de la disparition des petits maraîchers de l'arrière-pays de Cannes à Menton « *sans lesquels je ne peux plus exercer mon métier* », nous dit-il, il nous encourage à continuer dans la voie que nous venons de choisir : la biodiversité et la recherche des saveurs. Nous restons en contact.

À partir de cette rencontre, une part grandissante de notre production est destinée à ce débouché.

Chaque année je recherche, chez les rares semenciers spécialisés Français, une nouvelle variété inconnue : à la Ferme de Sainte Marthe, Terre de semences devenu « kokopelli »[3] ou « les graines Baumaux » mais aussi chez les membres collectionneurs de « Seed Savers »[4] aux Etats-Unis. Pour faire connaître ces nouveautés, en 1997 et jusqu'en 2003, en été, aux Olivades, nous faisons « la Fête de la Tomate ». Le slogan : « *venez retrouver le goût des tomates qui est dans votre mémoire* », attire beaucoup d'amateurs. C'est une journée en l'honneur de ces merveilleuses tomates qu'on présente et qu'on déguste. Chaque année on élit la meilleure : la plus juteuse comme la *Rose de berne*, l'onctueuse *Noire Charbonneuse* de Russie, la moelleuse comme *l'ananas* avec ses belles tranches jaune d'or veinées de rouge ; ou encore la succulente *Evergreen*, couleur émeraude et son rapport acidité sucre parfait ou la douce *beauté blanche*, la charnue *russe* ou l'Italienne *Sainte Lucie* et la petite ronde *green Zebra*. C'est un plaisir aussi de découvrir leur forme et leur calibre : la *cœur*, petite, moyenne ou géante ou la longue comme *l'Andine cornue* ou la *San Marzzano* qui sont les ancêtres de nos tomates modernes cultivées pour la sauce comme

---

[3] Kokopelli nom donné à l'association de Dominique Guillet, à l'initiative d'actions pour la préservation de la biodiversité planétaire.

[4] Seed Savers : groupement de collectionneurs de variétés locales aux ETATS-UNIS – http://www.seedsavers.org/

la *Roma* ou *pandelotte*. Certaines portent le nom de leur histoire ou de la personne, comme la *tante Rubby*, du nom de la migrante d'Allemagne vers les Etats-Unis, qui a précieusement gardé dans ses poches les semences sélectionnées d'année en année par ses soins de cette grosse tomate vert clair, charnue et délicieuse.

Après la collection de tomates et de courges, je me passionne pour les aromatiques. J'en découvre 280 variétés. Pour le basilic, je cultive 40 parfums différents. J'étends mes recherches et mes expériences aux collections de courgettes, de poivrons et d'aubergines (voir Hymne à la biodiversité en annexe p. 239).

Et plus j'avance dans cet univers, plus les grands chefs sont intéressés par nos produits. La qualité gustative devient une priorité. Je me rends compte que cette valeur est étroitement associée à la terre, le terroir et les saisons. Les chefs me disent que le parfum des basilics par exemple reste persistant au moins une semaine alors que celui provenant des productions hors-sol disparaît au bout de 24 heures. Cultiver en pleine terre, au mistral et en plein soleil, ne peut que concentrer les parfums, le goût et distinguer leurs caractères et leur personnalité. Le terroir des Olivades est argilo-calcaire, parfois ingrat à travailler, mais il donne des saveurs fortes, et persistantes en bouche. Ces qualités sont amplifiées lorsque la vie du sol est intense, et que la plante y trouve tous les éléments qui lui sont nécessaires. Pour le travail du sol, je m'oriente vers un amendement organique et je découvre petit à petit qu'un équilibre se produit et qu'il n'est plus besoin d'intervenir contre les parasites et les maladies. Une plante ni forcée ni stressée est moins sensible aux attaques de toutes sortes. Des surprises ont souvent accompagné mes expériences, et même des échecs, comme l'impossibilité sur ce type de sol de produire des légumes racines comme les crosnes ou les pissenlits et autres scorsonères. Je commence à bien connaître cette terre. Avec le recul, je prends conscience de la situation géographique et du climat privilégié. Ces mêmes atouts qui ont permis à mon père d'avoir un mois d'avance sur les productions bretonnes d'artichauts ou de chou-fleur et d'en tirer un revenu.

J'avais eu du mal à entrer dans le productivisme maraîcher, spécialisé, performant et rigoureux. Mon choix, quand je reprends les Olivades, c'est le jardin maraîcher dans l'espace naturel. Je suis né dans cet environnement, entouré des productions végétales, d'arborescence et j'y côtoie une faune qui m'est familière. Mais, à côté de cet univers bucolique, il faut bien gagner sa vie. Je continue à servir les grandes surfaces en production de salades, allant jusqu'à produire un million de têtes par an, espérant pouvoir un jour sortir de cette contrainte économique. Je pense et j'espère que les bonnes tomates, la biodiversité, peuvent être à la fois une satisfaction professionnelle et une source de revenus.

Petit retour en arrière qui a son importance dans le contexte agricole : en 1994, la grêle très localisée sur Ollioules, détruit toutes les cultures plein champ. C'est le seul accident climatique de toute notre vie qui a eu des conséquences économiques. D'ailleurs, la grêle a signé la fin de l'horticulture à Ollioules. Sur les 140 exploitations agricoles présentes avant la grêle, sur la commune d'Ollioules, seules une quinzaine subsiste. Aux Olivades, c'est la diversification de nos productions qui nous sauve et nous permet d'honorer nos contrats avec nos clients. C'est dans cette situation que la rencontre avec Alain Ducasse nous aide.

A partir de 1996, nous développons l'expédition vers les restaurants gastronomiques, avec nos productions de printemps et d'été. Nos produits partent vers la France, mais aussi l'Angleterre, la Belgique, le Luxembourg et la Suisse. Toutefois, l'économie de l'exploitation à la fin des années quatre-vingt-dix est trop saisonnière et inégale sur l'année, aussi bien sur le point de vente que sur les autres débouchés. Il y a une très forte activité du printemps jusqu'à la fin de l'été, une bonne fréquentation du point de vente puis une chute en automne et en hiver mettant les Olivades dans une situation de précarité. C'est sur ce point que l'AMAP rétablira l'équilibre économique. La contrainte de la diversification des productions nous oblige à être 6 personnes à travailler en été, mais le manque de rentabilité prolongé durant les mois d'hiver nous oblige à nous séparer de notre personnel en saison creuse.

Cette année 2000 et l'hiver 2001, nous fermons le point de vente de décembre à avril pour limiter les coûts. Nous sommes donc contraints de licencier les deux salariés permanents pour ne fonctionner qu'avec du personnel saisonnier au printemps suivant. Je passe beaucoup trop de temps à la commercialisation mais c'est une obligation. Je dois en effet négocier au quotidien, préparer les commandes et les livrer, apaiser les différends avec les chefs de rayons, leur assurer un complément d'approvisionnement en cas de rupture de marchandise, et cela souvent en fin de semaine quand nos aides se reposent. Enfin, je dois veiller à la bonne présentation de nos produits, et même réaliser des animations en magasin afin de dynamiser le rayon fruits et légumes. Du point de vue du temps passé à vendre, l'AMAP nous apportera un énorme gain de ce temps.

Pendant des années, nous ferons aussi les foires aux plants. Nos plants de tomates anciennes ont un énorme succès. Ces journées avec les pépiniéristes sont très agréables. Mais nous n'avons pas un seul jour de repos en cette période et nous accumulons une telle fatigue que nous arrêtons ces animations ventes en 2001. Nous pensons avoir rempli notre mission de relance et de promotion de la biodiversité des tomates anciennes, des cucurbitacées et autres collections dont nous faisions les plants. Nous gardons un bon souvenir de ces journées dans un décor de jardin merveilleux.

Le mois de décembre 2000 verra le décès de mon père et celui de la mère de Denise.

Economiquement, l'expérience de fermer en hiver ne sera pas satisfaisante. C’est l’AMAP qui nous fera reprendre l'activité toute l'année. Nos produits doivent être toujours plus attractifs et moins chers, suivant la logique de la grande distribution. Entre 1990 et 2000, pour mettre en place les contrats-salades avec l'hypermarché voisin, en début d'année, je fixe les quantités et les prix pour toute la saison. En 10 ans, nous n'avons pas pu augmenter le prix de vente des salades, mais par contre le poids minimum exigé, lui, a doublé dans la même période ! Ce qui revient à une baisse conséquente de la rentabilité par l'augmentation des écarts de triage. Pendant des années, il y a ma photo au-dessus du rayon salade servant de caution à l'image du magasin qui soutient la production locale !

En 1999, je réintroduis les légumes à La Monette sous les serres. Je n'utilise plus les chauffages antigel trop coûteux. Le but n'est pas de produire en contre saison ni hors-sol. Les serres vont permettre de relancer la production de primeurs des années soixante-dix et de sécuriser la période hivernale. Cet avantage deviendra une nécessité pour l'engagement des productions en AMAP.

Après avoir tout essayé, avoir épuisé tous les systèmes commerciaux, c’est la vente directe, aux Olivades, puis le partenariat avec les consommateurs qui vont me permettre de continuer mon métier et l'activité agricole aux Olivades. Je laisse la plume à Denise pour vous raconter en détail cette aventure, à la fois professionnelle et humaine, qui a changé nos vies.

La découverte du concept CSA

C'est au cours d'une visite à New York, chez notre fille Edith, et notre premier petit-fils Emile, à la fin de l'année 1999, que Daniel et moi découvrons le concept CSA (Community Supported Agriculture).

Je suis assise en face de Sheila, une New-Yorkaise qui œuvre avec Edith dans une association caritative. Une fois par semaine, elles préparent des repas et les distribuent aux sans-abris.

Tout en tartinant des sandwichs, nous échangeons sur nos identités, et ce que chacune fait dans la vie.

Je me présente, j'étais infirmière, mais, depuis 30 ans, je travaille avec Daniel, mon mari, sur l'exploitation familiale de mes beaux-parents.

Je continue en lui racontant notre histoire. Nous sommes maraîchers, en zone périurbaine, hélas, de plus en plus envahis par la ville. Le site s'appelle Les Olivades et depuis 13 ans, je m'occupe du point de vente directe à la ferme que nous avons développé.

Son visage s'éclaire, elle pose sa tartine et, appuyant ses coudes sur la table, elle me montre ses mains en me disant : « Dans ma vie, mon seul regret est que mes mains n'aient pas travaillé la terre mais, je compense. Je soutiens un agriculteur qui nous livre une fois par semaine ses productions ; je suis « Partner » engagée pour une saison et je vais régulièrement à la ferme aider mon producteur. »

Daniel et moi sommes très curieux et voulons en savoir plus sur la CSA. Nous mobilisons Edith pour nous accompagner et nous aider à bien comprendre les informations sur cet étrange système de « Partner engagé ».

Dès le lendemain, Sheila nous apporte la copie de son contrat d'engagement avec Jean-Paul Courtens, le producteur de la CSA

« Roxbury Farm[5] » et nous indique : « Vous ne pouvez pas le rencontrer en ce moment. Il vient de perdre son bail à ferme et est en plein transfert de son exploitation sur un site où la terre vient d'être achetée par des consommateurs solidaires. »

Dans la foulée et pleins d'admiration, nous découvrons donc aussi les actions d'achat collectif de terre par ces citoyens américains ! Ce que nous verrons aussi en France, plus tard.

Nous nous sommes donc rendus sur une autre ferme en CSA, celle de Rachel et Steffen Schneider, en biodynamie. Dans l'Etat de New York, à 2 heures de route de la mégalopole, nous avons découvert le fonctionnement d'une ferme en CSA. La visite très documentée nous montre les aspects techniques, le calendrier de production, mais aussi l'aspect économique, le rôle et l'implication des consommateurs.

Edith nous obtient un rendez-vous avec la structure de coordination des CSA de New York : Just Food[6]. Comme les précédents acteurs de CSA rencontrés, c'est avec une grande motivation que Cathy Lawrence, la directrice qui sept années auparavant a aidé à la création de CSA, nous consacre beaucoup de temps. Elle nous présente l'historique du concept des CSA, qui existe aux USA depuis 1986 et la structure de coordination et d'aide à la création de CSA de New York, Just Food, créée en 1995, neuf ans après la création de la première CSA aux Etats-Unis. C'est une démarche individuelle de consommateurs militants. Le souci de leur propre santé mais aussi l'écologie les ont poussés à chercher des producteurs pour les soutenir et les aider à préserver leur activité.

Cathy Lawrence nous explique l'origine des CSA :

« Nous, les consommateurs, sommes en CSA pour manger bio et local. Car nous voulons réagir aussi contre l'agro bio business qui nous fait manger à New York des salades bio qui sont transportées par avion de Floride ou de Californie. »

Tout ce qu'elle nous explique est d'une logique implacable. Just Food considère que le terme biologique n'est pas applicable à un fruit ou un légume qui a pris l'avion et parcouru plus de 1 000 km.

---

[5] Roxbury Farm : ferme en CSA, en biodynamie – Etat de New-York http://www.roxburyfarm.com

[6] Just Food : coordination des CSA de la ville de New York – www.justfood.org

A la fin de ces 4 heures d'entretien, nous sortons de ce bureau complètement ébahis. Nous remercions Edith qui commençait aussi à s'enthousiasmer sur le sujet.

Daniel complète ses informations sur ce concept par la rencontre avec le producteur Jean-Paul Courtens. A l'occasion d'un autre séjour dans le courant de l'année 2000, j'assiste à sa distribution de panier dans New York et j'observe les consommateurs de la CSA, dans leur rôle de responsables. Je les questionne sur le fonctionnement pratique, l'engagement, les avantages et les contraintes du consommateur, le contrat, l'organisation et le déroulement d'une distribution.

Nous découvrons un véritable partenariat et surtout une véritable économie alternative pour l'agriculture locale !

Malgré la difficulté liée à la langue, Daniel et moi saisissons la philosophie, l'originalité, les principales composantes du système, les valeurs sociales et humaines partagées entre producteurs et consommateurs.

Nous nous disons qu'il serait très intéressant pour nous d'essayer de mettre en place ce système avec les clients du point de vente aux Olivades.

Nous avons aussi compris que ce n'est pas un phénomène de mode, mais bien une demande des consommateurs correspondant à une prise de conscience, un choix déterminé de se nourrir sainement et dans la proximité.

Nous constatons que les producteurs des USA ont les mêmes difficultés que nous en France : menace permanente d'expropriation et forte pression foncière sur les zones agricoles autour des villes.

Just Food nous donne tous les documents et les diverses fiches formant la panoplie complète des outils qui existent pour créer une CSA. Une fois traduits, ils vont nous servir à mettre en place notre propre expérience d'AMAP. Ils sont très faciles à adapter en France. Nous avons des points communs : la même situation précaire de la petite agriculture locale et les mêmes besoins pour les consommateurs avertis et soucieux de consommer différemment.

Le 4 janvier 2000, nous revenons aux Olivades avec des éléments du concept plein la tête et des documents qu'Edith nous traduira. Certains sont toujours les outils de bases d'information et de sensibilisation pour la diffusion du concept.

En cette période, Daniel écrit des articles dans « La Gazette des Jardins », revue bimensuelle dirigée par Michel Courboulex[7]. Dans le N° 29 de janvier 2000 après la tempête de Noël 1999, Daniel, faisant référence à la fausse prédiction du bug informatique lors du millénium, fait le constat du changement climatique et saisit l'occasion d'informer les lecteurs sur la découverte de la CSA. L'article s'intitule : « Le bug du jardin des délices. » (Voir en annexe p. 240)

Aux Olivades, cette année-là, nous sommes réellement dans une impasse économique. Le dernier « remède » que nous avons trouvé est de fermer le point de vente à la ferme les trois mois d'hiver pour cause de déficit engendré par une baisse de fréquentation de la clientèle en cette saison.

La fermeture en période hivernale en 2000 et 2001 n'est finalement pas une bonne solution. Bien sûr, nous faisons des économies sur les charges de salaires dans cette période où il entre moins d'argent, mais nous perdons nos employés bien formés et qualifiés puisqu'en avril nous ne reprenons que des saisonniers.

La gestion et la préparation des 10 ha de productions diversifiées depuis les années quatre-vingt-dix peuvent difficilement se faire sans une équipe permanente de travail.

Durant cette année 2000, à New York, Edith continue son travail de traduction de tous les documents, elle complète les informations sur le concept et nous les envoie. La traduction du prospectus de Roxbury Farm va nous servir à la sensibilisation et la mise en place de notre première AMAP. Le prospectus de l'AMAP des Olivades sert toujours de support de présentation à chaque nouvelle AMAP. Il est maintes fois mis à jour, adapté et largement distribué. Edith garde le contact avec Just Food et des acteurs de CSA, producteurs et consommateurs. Elle visite des distributions de CSA dans New York et des fermes maraîchères en CSA, en Californie où les productions sont semblables à celles des Olivades. Elle a pris contact aussi avec le Canada, et les ASC du Québec : Agriculture Soutenue par la Communauté.

---

[7] Michel Courboulex. : Directeur de publication du bimestriel : « La Gazette des Jardins » 23 avenue du Parc Robiony, 06200 Nice - postmaster@gazettedesjardins.com

Elle donne une dimension internationale à ses recherches en élargissant les contacts au Japon, lieu d'origine de la naissance du concept des « Teikei », qui pour moi, restent encore aujourd'hui le symbole du partenariat local et solidaire producteur consommateurs.

Ces contacts nous permettent de rencontrer tous ces acteurs de par le monde, en 2004, lors du premier colloque international des systèmes de contrats locaux producteurs consommateurs à Aubagne (voir Les AMAP dans le monde p. 178).

Edith continue d'enrichir nos informations de tout ce qu'elle découvre. Elle garde le lien avec Just Food, qui, par souci de propager leur message, nous envoie deux cassettes audiovisuelles. L'une est le reportage de la télévision américaine sur le système CSA et l'autre est un film sur la CSA Roxbury Farm où nous reconnaissons les personnes que nous avons rencontrées. Bien qu'en anglais, nous montrons ces cassettes dès que l'occasion se présente.

Au mois d'août 2000, nous recevons la visite de Marcel Boulard, consommateur, membre d'Attac Var Est (Association altermondialiste) et Isabelle Bouvier, productrice à Vidauban. Nous les informons sur le concept des CSA découvert aux Etats-Unis, tout ce que nous y avons vu et visité et leur montrons les deux films. Nos deux amis Varois sont complètement séduits par le concept, l'esprit de solidarité des uns, le bonheur exprimé du producteur et les témoignages sincères de sentiments simples mais riches de valeurs humaines.

Aux Olivades, il n'y a pas encore de projet concret en perspective mais un coup de pouce nous encourage à continuer la réflexion et la sensibilisation sur le sujet.

En novembre 2000 Marcel Boulard et des consommateurs d'Attac Var-Est parcourent la campagne du Centre Var pour trouver des producteurs. Ils nous invitent à la première réunion d'information et de sensibilisation pour le projet d'AMAP avec une famille d'éleveurs bovins laitiers de Moissac dans le Haut Var.

A la mobilisation des consommateurs du Centre Var autour de Marcel et d'Isabelle Bouvier, nous ajoutons la sensibilisation au concept. La prise de conscience et le partage des mêmes valeurs font tache d'huile ; il y a une forte demande et une forte envie de faire l'expérience. Nous sentons bien que l'AMAP est une réponse concrète au besoin de bien se nourrir tout en soutenant une agriculture de proximité.

Le sigle : de l'AMA à l'AMAP

Edith, Daniel et moi avons longuement réfléchi à la traduction du sigle CSA des Etats-Unis. Au tout début du projet nous choisissons AMA et ce n'est qu'en 2001 que nous ajouterons le « P » et qu'ainsi le sigle deviendra AMAP.

Association : pour traduire le « C » de Community le mot « association » est choisi, au sens étymologique et non juridique. Il semble porter en lui l'objectif des principaux acteurs du concept. Dans la définition de la langue française, « lexis : Larousse de la langue française », l'association c'est : « U*n groupe de personnes réunies pour atteindre un but commun, où pour défendre leurs intérêts.* »

Maintien : pour traduire le mot, nous avons le choix entre « soutenir » et « maintenir ». Pour moi, le *maintien* est plus fort que le soutien car il engage à l'action, le maintien de notre activité étant notre priorité. Situés en zone périurbaine, nous sommes menacés par l'expropriation. L'objectif est aussi de nous aider à nous maintenir sur ce front. Au Japon, en plus du sens symbolique du mot japonais Teikei : « mettre le visage du fermier sur le produit ou transparence », les acteurs des Teikei nous disent que leur souci est de maintenir leur producteur pour qu'il soit encore là l'année suivante.

Agriculture : pour mettre en évidence l'Agriculture avec un grand A. Pour le consommateur comme pour le producteur, l'agriculture en AMAP apporte la solution à l'insécurité alimentaire qui a fait naître le concept au Japon et chez nous. Mais quelle agriculture ?

Paysanne : Le sigle AMA, Association pour le Maintien de l'Agriculture ne nous semble pas mettre suffisamment en évidence l'aspect traditionnel de notre Agriculture. Il faut y ajouter quelque chose. Le P de « paysanne » qui identifie et précise le type d'agriculture que nous voulons retrouver. Nous faisons référence à l'agriculture dans une ferme familiale, à l'agriculture à taille humaine et de proximité. Le « paysanne » va distinguer cette agriculture des formes dites « modernes » d'agriculture productiviste, agro-industrielle, de la monoculture ou de la grande culture, du hors-sol, de l'intensif etc.

Le nouveau sigle **AMAP** n'enlève rien à la compréhension de l'unique document d'informations sur le concept qu'Edith a diffusé à partir de 2001 : « AMA : Présentation et entretien avec le continent américain. »

LA PREMIÈRE AMAP

Le déclic

En 2000 et début 2001, l'insécurité alimentaire atteint son paroxysme.

Alors que les consommateurs avertis commencent à prendre conscience de l'évolution de l'agriculture et à s'inquiéter de la qualité sanitaire de ce qu'ils ont dans leur assiette, nous producteurs, après avoir essayé de travailler avec la grande distribution, nous sommes dans l'impasse et l'horizon de notre activité n'est pas rassurant.

Nous prenons conscience aussi que la société va transformer notre métier et qu'en plus des difficultés économiques, nous sommes en train de perdre le vrai sens du métier et du rôle de paysan qui est profondément ancré dans notre mémoire et dans nos racines.

Nous ne comprenons pas qu'on puisse mettre la nourriture en compétition dans un marché mondialisé ni la soumettre aux strictes règles de la rentabilité et du profit, comme s'il s'agissait d'un objet manufacturé, d'un minerai, d'un matériel industriel ou du dernier gadget.

L'économie de marché, orchestrée par les lobbies, pousse les agriculteurs à transformer des poulets en volailles à gros bréchet, intéressantes mais quasi impotentes, et d'autres, à donner à ces mêmes volailles des aliments remplis de dioxine, issus de boues de traitements des déchetteries, à donner des protéines animales aux vaches, à élever des cochons et des veaux dans des conditions de vie dont la vision est insoutenable, etc. Pour nous, cela n'a plus rien à voir avec l'agriculture.

Je comprends le déclic et les origines de la naissance du « Teikei » et fais un lien direct entre notre projet et le concept japonais né à la suite de la première crise d'insécurité alimentaire provoquée par des intoxications au mercure. La maladie de Minamata touche la population de pêcheurs dont la principale nourriture est le poisson de la baie polluée par les rejets industriels de la pétrochimie. Elle a fait 900 victimes entre 1949 et 1965 et plus de 20 000 personnes ont été atteintes gravement.

C'est en réaction à cette catastrophe historique à laquelle s'ajoutent les premières pollutions d'origine agricole que les mères Japonaises cherchent à se rapprocher du lieu de production et du paysan qui va nourrir leurs enfants. Le sens du mot Teikei est : relation, transparence, mettre le visage du fermier sur le produit. Ces mères décident de prendre en main leur alimentation et vont jusqu'à proposer le paiement à l'avance au producteur, à condition qu'il s'engage à produire sain, sans pesticide.

En France, en cette fin de XXe siècle, les dérives de l'agro-industrie sont largement relayées par la télévision dont le fort impact suscite les réactions des consommateurs qui vont favoriser notre rencontre et la naissance du projet d'AMAP.

La rencontre avec les consommateurs d'Aubagne

Plus d'un an après avoir connu le système à New York, en janvier 2001, en pleine crise de la « vache folle » nous avons enfin une bonne occasion de parler du concept AMAP et de le proposer comme une solution pour une meilleure consommation locale et pour la viabilité économique des Olivades.

Nous sommes prêts quand l'Association Attac d'Aubagne dans les Bouches du Rhône organise des soirées « Café Attac », dont une sur le thème de « la mal bouffe ». Pour animer ce débat, les consommateurs avertis et militants ont demandé à Thierry, un ami de la Confédération Paysanne, agriculteur vigneron et poète, de venir s'expliquer :

« Toi, paysan, peux-tu nous parler de cette agriculture qui cause des crises d'insécurités alimentaires de plus en plus inquiétantes ? »

Thierry nous sollicite pour le débat et nous intervenons avec lui.

Au cours de cette réunion à Aubagne, Daniel présente les Olivades et nos productions.

Il informe sur le triste constat de l'agriculture en Provence, avec la disparition de 15 000 agriculteurs en cinq ans entre les deux derniers recensements officiels. Il précise que nous ne sommes pas dans l'agriculture productiviste compétitive et subventionnée et propose de leur présenter le projet d'un système né au Japon et que nous avons vu fonctionner aux Etats-Unis et qui pourrait les intéresser.

En zone périurbaine, en vente directe, depuis que nous sommes maraîchers, nous avons tout essayé en matière de débouchés commerciaux : les marchés de rue, le gros, le demi-gros, les petits magasins et la grande distribution, les livraisons de paniers à domicile et même la grande gastronomie. La vente directe à la ferme que nous pratiquons depuis 1987 est le seul moyen de nous maintenir en activité mais la situation est précaire.

Après ce constat, nous présentons le concept comme la perspective d'une solution économique.

Nous mettons tout de suite en avant l'intérêt que nous avons, producteurs et consommateurs, à nous associer pour expérimenter ensemble le concept.

Nous racontons notre découverte des CSA, l'origine du concept et donnons nos premières impressions.

A la fin de cette réunion, Bernard Dravet, un consommateur emballé par l'idée, veut donner suite à notre proposition de partenariat.

Dans la semaine qui suit, il nous rend visite aux Olivades, pose beaucoup de questions sur le concept et organise une deuxième réunion chez lui où nous approfondissons ensemble le projet pour avancer vers sa mise en place pratique. Comment le partenariat se mettra-t-il en place concrètement ? Que produisons-nous ? Pourquoi un engagement financier à l'avance (aspect le plus inhabituel) ?

Valérie Thyot, consommatrice, s'implique dans la communication et réalise les premières affiches pour inviter les consommateurs et quelques producteurs locaux à participer à la troisième réunion du 21 mars 2001 à Aubagne. Ce soir-là le projet doit se décider.

Pour des raisons professionnelles, de planning de productions et d'organisation du travail pour la saison printemps été 2001, la réunion du 21 mars 2001 doit être déterminante, ce soir-là, il nous faut savoir où nous allons.

Or, après notre argumentation et notre insistance sur le fait que cette expérience d'AMAP est capitale pour essayer de sauver les

Olivades, personne ne se porte volontaire. Les consommateurs réfléchissent. Ces minutes de silence me paraissent tellement longues que j'appréhende l'échec de la soirée et nous vois sur le chemin du retour désespérés de n'avoir pu concrétiser ce projet.

Mais, après un long silence, Valérie se lève, se met au milieu de la salle et dit d'un air décidé :

« Moi, je veux bien faire l'expérience avec les Vuillon, même s'ils ont 45 km de route à faire pour nous apporter nos légumes. Ceux qui sont partants, comme moi, se lèvent. »

Ils sont 23 à rejoindre Valérie qui prend à cœur de diffuser l'information et l'invitation à l'étape suivante. Le pique-nique que nous programmons aura lieu le 8 avril 2001.

Ouria, maraîchère à Aubagne, qui participe à cette réunion, est tout de suite sollicitée pour tenter l'expérience d'AMAP. Mais elle n'est pas prête et répond à l'assemblée :

« Non, je ne pourrais pas accepter d'être payée à l'avance, ce n'est pas possible. »

Six mois après, si bien soutenue par ses futurs consommateurs partenaires, Ouria et son mari entrent aussi en AMAP.

Pour inciter à sensibiliser d'autres personnes, Valérie fait le récit de notre rencontre. Elle présente le projet en mettant en évidence les valeurs de l'alternative AMAP. Elle évoque clairement la notion d'engagement « *sceller notre pacte de solidarité* », la notion de partenariat « *genre d'alliance* » et celle de l'action citoyenne « *consomm'acteurs* ».

Lettre de Valérie

« *COMMENT CETTE HISTOIRE A COMMENCE ?* »

En ce lundi 5 février 2001, après les perceptions et dénonciations de chacun sur toutes les horreurs que nous pouvions vivre à ce moment-là : hécatombes dues à l'ESB, dangers des OGM, dégâts de la listéria, nuages noirs de l'effet de serre, etc. Il y avait la volonté d'essayer de faire face localement, d'amener quelques propositions concrètes pour inverser un peu le cours des choses.

C'est ainsi que Denise et Daniel Vuillon évoquèrent les projets des A.M.A. et le fait qu'elles existent depuis 40 ans au Japon sur l'initiative de femmes et surtout de mères qui tenaient à nourrir correctement, naturellement leurs enfants.

Ils racontèrent la situation actuelle des agriculteurs de la région et du péril qui s'annonçait pour les prochaines années dans les Bouches-du-Rhône et dans le Var particulièrement. Ils dressèrent un tableau peu florissant des terres fertiles se réduisant en peau de chagrin face aux zones commerciales, industrielles et autre aménagement suburbain... Et puis, ils nous firent saliver avec tous ces fruits et légumes de saison qu'ils pourraient apporter dans leurs paniers.

Rendez-vous fut donc pris pour une rencontre entre personnes intéressées. A envisager concrètement les choses, à comprendre l'enjeu qui pourrait être relevé avec ce nouveau genre d'alliance consomm'acteurs et agriculteurs, les envies se transformèrent en volontés.

Une réunion publique fut lancée. Ce serait pour le 21 mars 2001. Nous fûmes plus d'une soixantaine de personnes. Il y eut encore quelques heures de discussion au bout desquelles certains s'en furent en motivant leur retrait, ils voulaient que cela se fasse avec un paysan d'Aubagne, le fait de ne pas choisir le moment d'achat, le fait de ne pas pouvoir choisir ses fruits et légumes, peut-être quelques fois le prix, qu'ils n'étaient pas encore prêts à s'investir dans la démarche, etc. Nous nous retrouvâmes une trentaine pour envisager très pratiquement l'organisation des choses pour la bonne marche de la 1re campagne printemps automne avec la Ferme des Olivades. Pour sceller notre pacte de solidarité Denise et Daniel nous invitèrent le 8 avril à pique-niquer sur la ferme autour de leurs crudités, fromages de chèvres du coin et vin de Bandol !

La journée fut belle, chaleureuse, à la découverte de l'histoire de la ferme, l'organisation de l'exploitation et à la découverte des uns et des autres. 25 contrats d'engagement furent signés. Le 17 avril eut lieu la première distribution et 7 personnes s'étaient jointes au groupe, 32 paniers furent distribués ! C'était parti ! »

Les atouts

Quels sont les éléments qui ont facilité le démarrage et la réussite du projet ?

– Le premier atout c'est l'expérience de Daniel, fils de maraîcher, né aux Olivades, avec 35 années de maraîchage derrière lui et des productions diversifiées depuis déjà une dizaine d'années.

– Le deuxième atout : notre complémentarité, un duo de collaboration d'une vingtaine d'années, avec Daniel, pour se partager ces perspectives nouvelles. Lui est au cœur de l'organisation de maraîchage en AMAP, alors que je m'implique dans la fabrication des outils d'information, livret, prospectus, qui sont toujours les bases de diffusion du concept.

– Le troisième atout c'est l'agriculture à taille humaine, et la biodiversité nécessaire pour composer notre panier d'au moins une dizaine de produits. La « fête de la tomate » chaque année, de 1997 à 2003 a contribué à faire connaître les Olivades. Les productions de tomates anciennes attirent de plus en plus de monde sur le point de vente à la ferme, en été.

– Le quatrième atout c'est l'expérience de la vente directe depuis 14 ans, aux Olivades.

– Le dernier atout c'est la situation géographique méditerranéenne et la proximité de la ville. En effet, les Olivades se trouvant entourées de cinq communes, facile d'accès, il est envisageable de faire la distribution à la ferme, ce qui ressemble à une promenade à la campagne pour les consommateurs et leurs enfants.

Le pique-nique à la ferme

Le 8 avril 2001, aux Olivades, une soixantaine de personnes d'Aubagne et des communes environnantes viennent à la rencontre des producteurs et à la découverte du jardin qui va les nourrir.

Ce jour-là, c'est la naissance du projet, de notre engagement mutuel et de notre relation.

Sur la table de dégustation nous mettons des produits des Olivades, dont les premières fèves fraîches qui, pour un agriculteur, sont le symbole de la fin de l'hiver et du renouveau de la nature qui s'ouvre sur une nouvelle saison.

Ce 8 avril 2001, Daniel raconte l'histoire et l'évolution des Olivades, la situation géographique à proximité de la ville, la grande surface voisine qui, en 1989 nous a déjà grignoté du terrain, la pression permanente que nous vivons et la menace d'expropriation, malheureusement toujours d'actualité, aujourd'hui en 2011.

Nous mettons à plat toutes les facettes du concept AMAP, nos contraintes de producteurs et tous les avantages que nous espérons de cette économie solidaire pour les Olivades.

Il nous faut aussi, bien définir les contraintes du consommateur et expliquer que ce n'est pas un mode de consommation habituel. Dans ce nouveau système, on ne choisit pas les fruits et les légumes. La distribution a lieu chaque semaine à heure fixe et la contrainte la plus forte, est celle du partage des aléas de productions. La nature a ses droits, mais avec le changement climatique, les consommateurs peuvent faire les frais d'une augmentation ou diminution quantitative, voire d'une pénurie de certains produits. La composante importante dans l'AMAP c'est la participation aux ateliers désherbage, rentrer les pommes de terre et, en cas de surproduction de fraises, venir aider à les ramasser. Dans ce dernier cas, en général, une bonne provision de fraises à confiture est au bout de l'effort.

En parallèle, nous mettons en avant tous les avantages que nos partenaires peuvent tirer de cette nouvelle façon de « consommer » : une meilleure alimentation grâce à la fraîcheur des produits, des modes de productions respectueux de la terre et de la nature en général et le partage des surproductions, habituelles en saison d'été puisque notre objectif est d'écouler tous nos produits en AMAP.

Le jeu des questions et réponses à toutes les préoccupations des consommateurs arrive ensuite.

Table de dégustation du pique-nique
(Photo de Valérie Thyot)

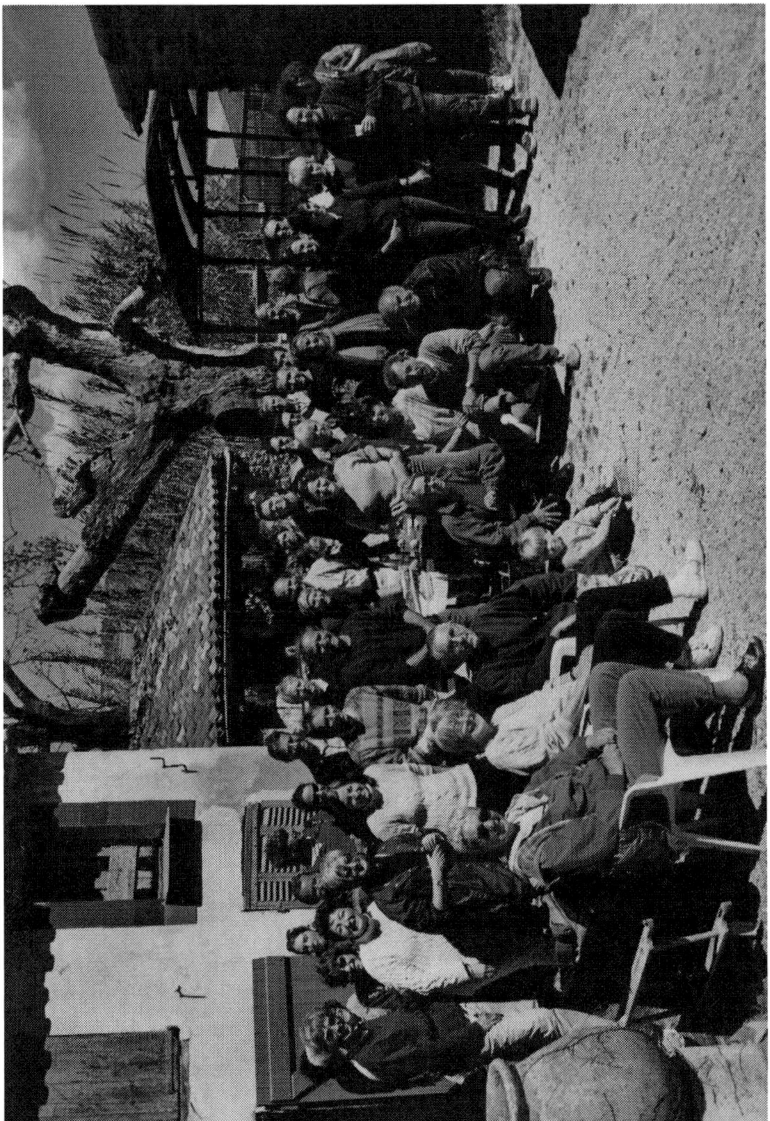

Premier groupe « d'amapiens » d'Aubagne (Photo : Valérie Thyot)

Questions concrètes des consommateurs

Qu'allons-nous avoir dans le panier ?

Nous détaillons le contenu du « panier » composé de produits de saison indiquant le rythme hebdomadaire des distributions ainsi que le lieu où elles se dérouleront. Nous savons que ce concept est basé sur la confiance et que pour la gagner nous devons jouer la carte de la transparence. Pour cela, nous répondons à toutes les questions légitimes qui préoccupent nos futurs partenaires. Daniel a préparé le calendrier des productions d'été, la liste des produits mis en culture, qui seront distribués sous forme de part de récolte. Plus tard, pour la saison automne/hiver 2001-2002, un autre calendrier en perspective sera aussi distribué à chacun.

Quelles quantités dans le panier ?

C'est l'expérience du point de vente qui me permet d'évaluer le besoin de consommation d'une famille de 2 adultes et 2 enfants. Le choix de cette « unité de panier » est aussi celui des CSA.

Pour respecter les plantations et le stade idéal de maturité des produits, nous organisons le ramassage en 3 cueillettes par semaine. Nous allons répartir les productions en 3 distributions dans la semaine, soit 3 AMAP de 67 familles chacune. Dans les faits, nous commençons la première saison avec 150 familles. En automne 2002 nous aurons les 200 familles qu'il faut aux Olivades, pour répartir le potentiel des 10 ha de production annuelle.

Pour le calcul de la quantité de produits à partager, c'est en amont de la production, au moment de la programmation des cultures que Daniel fait une estimation des quantités à planter, des unités de tel ou tel légume par famille ou du nombre de plants de tomates pour une moyenne de deux kilos distribués par semaine et par famille. Ensuite, c'est la production qui guide la quantité. Par exemple au premier ramassage de courgettes, il peut y avoir 2 courgettes par famille puis 6, puis 10, avec un pic de production pouvant aller jusqu'à 18 courgettes par panier et de tous les calibres. Puis, 3 mois après, il peut y avoir une diminution du nombre et de la taille des courgettes et la fin de la production.

Nous sommes conscients qu'il nous faut faire l'expérience de la répartition des produits, du partage après ramassage. À ce sujet, nous demandons une certaine tolérance pour la première année et nous proposons de faire un bilan quantitatif. L'évaluation quantitative à la fin de la saison va être un des outils de la panoplie pratique que nous conseillerons aux AMAP.

L'expérience de Daniel dans la diversification des productions nous assure une certaine quantité de légumes et, sauf catastrophe naturelle, nous ne devrions pas craindre la pénurie.

Quel sera le poids du panier ?

Le poids total du panier n'est pas pris en compte dans ce calcul, tout comme il n'est pas une donnée utile quand on va « faire son marché ». On achète chaque produit séparément sans se soucier vraiment du poids total que pèsera le panier à la fin des courses.

De plus, le rapport poids/prix est tellement différent pour chaque produit. Par exemple, il faudrait 4 à 5 kg de pommes de terre pour la valeur en euros d'1 kilo de fraises, leur coût de production et de ramassage faisant la différence.

Dès le début, nous instaurons la confiance et le partage des aléas des productions. Nous savons qu'il est trop difficile et incertain de nous engager sur le poids ou sur les quantités sans être tentés d'acheter à d'autres paysans les produits qui nous manqueraient pour remplir notre engagement.

Combien coûtera le panier ?

Le mode de calcul du prix du panier est une des particularités du système puisqu'il n'est pas basé, comme dans le commerce, sur le cours du marché, mais en fonction de toutes les dépenses de l'exploitation, coûts de productions, salaires, charges etc. C'est sur ce point original et innovant que nous pouvons espérer le « maintien » de l'activité agricole aux Olivades, avec ses cinq emplois pérennisés par des contrats à durée indéterminée.

Pour cette première saison, nous ne sommes pas en mesure de calculer notre prix de panier sur ces bases puisque nous n'avons pas encore les calculs des coûts de productions poste par poste. Il nous faut attendre l'analyse d'une année comptable de fonctionnement en

AMAP pour établir un bilan prévisionnel qui nous donnera le « prix moyen » du panier sur l'année.

Pour le prix du premier panier de l'AMAP, je me base sur les prix de mon point de vente, en respectant un certain seuil de rentabilité du produit et sans tenir compte des fluctuations du marché.

Nous proposons le premier panier de l'été 2001 à 130 francs (19,50 €) et celui de la saison automne/hiver 2001/2002 à 100 francs (15 €). Nous faisons une différence de prix de panier entre la saison d'été et d'hiver parce que nous avons un verger, et donc des fruits au printemps et en été. Par la suite nous pourrons appliquer un prix unique du panier toute l'année avec un contrat annuel.

Après avoir donné toutes ces informations, visité la nurserie et ses caisses de germination, la serre des plants et les cultures en place, la quasi-totalité des participants est intéressée, s'engage et se met à remplir les chèques alors que nous n'avons pas encore formalisé le contrat sur papier. Professionnellement, avec Daniel, nous vivons la partie de l'expérience la plus extraordinaire à ce moment-là, jamais vécue auparavant. C'est Jean-Louis Abric qui regroupe les inscriptions et qui, par la suite, coordonnera le groupe des consommateurs avec Monique Lleu jusqu'en 2009.

Cette belle journée appelée « pique-nique à la ferme » fait maintenant partie des étapes incontournables de la méthode de création des AMAP où se concrétise le partenariat.

Nous venons de nous associer, producteurs consommateurs pour le Maintien de l'Agriculture Paysanne.

La première distribution à Aubagne

Aux Olivades, côté productions, tout est prêt. Avec nos partenaires, nous programmons notre première distribution d'AMAP en France, le 17 avril 2001, de 18 heures à 19 heures.

Le lieu de distribution sera le parking privé de la quincaillerie, mis à disposition par la dévouée consommatrice Michèle Bonnard.

Ce premier groupe est composé de 32 consommateurs que nous nommerons « amapiens ».

Pour faire les 45 km de déplacement d'Ollioules à Aubagne, nous n'avons pas de véhicule adapté au transport des caisses pleines des « parts » de récolte pour la distribution. Nous optons pour la location du véhicule avec contrat annuel, reconduit jusqu'en 2009. La distribution doit commencer à 18 heures, mais pour cette première livraison, nous avons quelques minutes de retard. En effet nous avons mal évalué les temps nécessaires de ramassage, de préparation et du trajet.

Nos consommateurs nous racontent que, durant ces quelques minutes d'attente, ils n'ont pu s'empêcher de penser : « *Et si nos producteurs étaient partis avec les chèques ?* »

Pendant qu'une chaîne humaine décharge le camion avec Daniel, j'écris la composition du panier sur le tableau. Les caisses sont disposées de part et d’autre pour qu'on puisse lire la liste de la première à la dernière rangée de caisses.

Composition du premier panier

Première distribution

Mardi 17 avril 2001

– 1 botte carottes
– 10 courgettes
– 2 bottes radis – 1 rond – 1 long
– 3 salades : 1 romaine – 1 batavia – 1 sucrine
– 2 bottes herbes à couper : 1 moutarde – 1 misuna
– 2 aromatiques : 1 menthe – 1 thym
– 1 sac épinards
– 1 sac fèves
– 4 betteraves
– 5 oranges amères + recette pour la confiture
– 1 barquette fraises (500 g)
– 1 boîte 6 œufs

Tout est nouveau. Ce n'est pas un marché, ce n'est pas de la vente directe. Heureusement, la visite d'une distribution d'une CSA à New York, m'a permis d'y apprécier l'ambiance et la convivialité indispensable. Je fais part à nos amapiens des conseils qu'un responsable du « comité » de la CSA m'a donnés : « S*i on veut garantir un bon fonctionnement équitable et une bonne ambiance, il faut une organisation assez rigoureuse avant et pendant la distribution.* » Les tâches sont comprises et les rôles sont répartis dans la bonne humeur. Les acteurs volontaires forment un comité informel. Jean-Louis, Paule, Valérie, Juan, Monique, Annick, Andrée, Nicole, Denis, Thierry, Jean-François, Marie-Hélène, et d'autres à qui je demande de m'excuser si je ne les nomme pas s'investissent chaleureusement. Ils forment le « comité de pilotage » et s'organisent aussi pour la coordination du groupe, la communication, l'information entre les familles et nous, ainsi que la logistique. Le trésorier enregistre les chèques des inscriptions et nous les remet.

La table d'accueil est à l'entrée du lieu avant les rangées de caisses.

Les documents nécessaires sont disposés :

– La feuille d'émargement

– La lettre du jardin

– La feuille pour les permanences à l'accueil, où chacun s'inscrit et s'engage au moins une fois dans la saison.

La permanence (voir en annexe p. 230) est définie comme le point d'accueil et la responsabilisation de la prise des paniers. Des améliorations pratiques seront vite apportées pour faciliter le bon déroulement de la distribution des paniers telle que je l'ai vue fonctionner aux Etats-Unis. Au début, nos amapiens préfèrent « signer » sur la feuille d'émargement, plutôt que donner leur nom pour être « coché » ; mais, les oublis et les stress qui s'en suivent ont vite mis en avant le besoin d'avoir un responsable à ce poste.

La distribution étant la concrétisation de l'AMAP, quelques règles d'organisation sont à respecter : la prise équitable d'un nombre précis de parts, dans un laps de temps défini, le tout dans une ambiance conviviale.

Nous réalisons aussi que tout est écoulé en une heure. Quelle efficacité ! Quand on pense aux retours de marché, aux jours où nous n'avons pas tout vendu pour diverses raisons : peu de fréquentation, mauvais temps… Ce soir-là, de retour à la maison, tout est distribué. Quel soulagement, pas d'invendus et une satisfaction de ne pas travailler pour rien.

Par souci de maintenir le lien avec nos consommateurs nous rédigeons la lettre du jardin, d'une façon hebdomadaire c'est-à-dire à chaque distribution. Chaque semaine nous y racontons tous les événements de la ferme des Olivades, donnons des nouvelles des gens qui y travaillent, des productions et des informations sur l'organisation pratique. Certains amapiens se précipitent sur cette lettre avec un réel bonheur. En raison de la diversité de certains produits peu connus, des fiches et des recettes pour les cuisiner complètent cette lettre.

La 1re lettre des Olivades aux amapiens d'Aubagne
1re distribution – mardi 17 avril 2001

« Depuis votre visite du dimanche 8 avril aux Olivades, le mistral a pratiquement soufflé sans arrêt à tel point que j'ai préféré planter une rotation de salades destinées au plein champ, sous abri pour pouvoir l'arroser par aspersion dans de bonnes conditions. Les températures nocturnes sont très basses dans les champs : +2 °C le samedi 14 avril et engagent à la plus grande prudence en ce qui concerne les plantations de plein air. Par contre, les productions et les plants sous abris se portent bien, le mistral assurant un bon éclairement et une température diurne satisfaisante.

Nous avons eu la visite de trois aigrettes blanches qui sont venues rechercher des vers de terre et se mettre à l'abri du vent, tandis que les premières hirondelles présentes depuis quelques jours semblent confirmer qu'elles ne font pas le printemps…

Dans le panier, vous trouverez des oranges amères issues d'orangers appelés bigaradiers, et ci-jointe la recette du vin d'orange ou « vin marquis » de mon père, et celle de la confiture d'oranges amères. Nous organiserons dans quelque temps une dégustation et un concours des deux, alors à vos fourneaux et vos alambics…

Vous trouverez aussi des herbes à couper d'origine chinoise à consommer soit en mélange avec la salade (mesclun) soit cuites à la vapeur en accompagnement de vos plats. Chaque semaine, vous en aurez des différentes et l'on essaiera de voir s'il faut en éliminer pour l'avenir.

Bon appétit et à la semaine prochaine.

Daniel. »

Aujourd'hui, nous avons un recueil de plus de quatre cents lettres du Jardin des Olivades.

De semaine en semaine, la relation entre les consommateurs et nous s'installe et se renforce.

Avant chaque fin de saison, nous avons le souci de savoir si les amapiens sont satisfaits. Nous faisons l'évaluation quantitative des produits distribués pour savoir si nous sommes dans le « bien », « trop » ou « pas assez » et apporter une amélioration éventuelle à la saison suivante.

Nos amapiens, eux, ont le souci de connaître si globalement l'expérience est bonne pour nous, économiquement mais aussi au plan humain, sur notre qualité de vie et, conscients de la pénibilité du travail, ils s'inquiètent de savoir si nous tiendrons dans la durée.

Ces attentions nous vont droit au cœur. Nous pensions que le fait de ne pas choisir les produits et de « faire avec » ce qui est distribué dans le panier poserait un problème. Mais non ! Dans la pratique les consommateurs vont sciemment vers le partage des productions et, ensemble, nous faisons l'expérience d'un merveilleux partenariat. Ils ont aussi le souci de coller à notre réalité économique, quand nous avons besoin d'augmenter le nombre d'amapiens pour nous permettre de fonctionner 100 % en AMAP.

Le premier contrat

Dans un système où le paiement est reçu à l'avance, où nous, producteurs, devons nous engager à partager les productions, à remplir un panier chaque semaine et respecter des pratiques de productions saines, il est important de concrétiser le pacte entre nous et de donner une valeur juridique à cet engagement.

Ce contrat est signé par chaque partenaire consommateur et par Daniel, représentant légal de la SCEA, Société Civile d'Exploitation Agricole Les Olivades ou moi-même, co-exploitante.

Nous prenons modèle du contrat d'engagement de la CSA « Roxbury Farm » que Sheila nous a remis à New York.

Roxbury Farm n'a qu'une saison de production, donc un seul contrat par an allant de mai à décembre. Aux Olivades, nous pouvons produire toute l'année. Nous proposons donc deux contrats de 6 mois correspondant à nos deux saisons de productions. Nous savons que pour réussir l'alternative économique, le mode de calcul doit prendre en compte les dépenses globales et annuelles mais nous n'osons pas encore instaurer le contrat annuel. Nous ne sommes pas sûrs de nous, nous voulons faire nos preuves et serons bien à temps de le proposer ultérieurement.

Notre premier contrat est très succinct et mentionne principalement les dates du premier au dernier panier, le montant de la totalité des paniers, et les modalités de paiement.

Par la suite, les lacunes du contrat nous sautent aux yeux. En accord avec nos consommateurs, la formulation est améliorée. Les engagements, les contraintes respectives, les principes d'éthique et les règles d'organisation collective seront consignés, sans oublier toutes les contraintes pour le consommateur, principalement le partage des incidents climatiques.

Ces éléments, clairement inscrits, font la particularité du concept basé sur le partage et la solidarité, et le distinguent d'un contrat d'engagement commercial.

Deux autres AMAP aux Olivades

En même temps que nous faisons cette première saison d'expérience d'AMAP avec nos consommateurs d'Aubagne, nous réfléchissons avec Daniel à l'avenir des Olivades.

Nous savons qu'économiquement, il nous faut prendre la décision d'écouler toute notre production en AMAP, ce qui nous demande de constituer trois AMAP.

En orientant toute l'activité des Olivades vers l'AMAP, cela nous permet aussi de faire l'expérience totale du concept. D'ailleurs, nous commençons à être sollicités et questionnés sur le sujet, à la fois par des producteurs en difficultés économiques mais aussi par des consommateurs intéressés.

Le point de vente directe rouvre en avril 2001 ; nous avons quelques mois pour sensibiliser les « clients » qui fréquentent régulièrement les Olivades, les amener à modifier nos rapports « commerciaux » et passer à une forme d'écoulement sous contrat avec son chapelet de contraintes : engagement solidaire et financier, partage des aléas, etc.

Nous pourrions conserver le « point de vente » d'un côté et l'AMAP à Aubagne de l'autre. Mais économiquement ce n'est pas une solution et il n'est pas juste de conserver la formule « vente directe » pour certains habitués et fonctionner dans un système d'économie sociale et solidaire pour d'autres.

Dès la réouverture et durant tout l'été, j'essaye de sensibiliser mes « clients » au projet de transformer le point de vente en Association pour le Maintien de l'Agriculture Paysanne.

Je raconte le système découvert aux Etats-Unis, qui nous intéresse au plan économique et que nous aimerions bien expérimenter aussi avec eux, consommateurs des Olivades. Le plus difficile pour moi est d'aborder l'engagement financier à l'avance.

Par la suite, cette difficulté rencontrée par tous les producteurs candidats à l'AMAP a façonné le rôle important du « paysan essaimeur », de celui qui va témoigner de son expérience pour évoquer à la place du producteur candidat les difficultés économiques et qui va jusqu'à proposer le juste prix du panier pour que l'AMAP soit vraiment l'alternative économique (voir L'ESSAIMAGE OU L'AIDE A LA CREATION D'AMAP p. 113).

Pour informer et sensibiliser les consommateurs sur cette transformation en AMAP l'expérience d'Aubagne sera la référence.

J'affiche les photos du pique-nique du 8 avril avec notre groupe d'Aubagne et les premières coupures de presse qui informent sur l'événement de la première distribution de la première AMAP de France.

La diffusion du reportage de France 3 régional sur cette première distribution d'Aubagne, au cours du journal du soir, a participé à la sensibilisation et son impact a duré plusieurs mois.

Pour écouler le potentiel de production des Olivades et maintenir les emplois, nous arrivons finalement à l'évidence qu'il nous faut donc deux nouveaux groupes sur le site des Olivades. Au printemps 2001 Mike Tomasi, cherche à nous rencontrer, il est le président du Convivium Provence de la Fondation Slow Food[8]. Lorsqu'il nous rend visite, nous lui faisons part de notre désir de mettre en place deux AMAP sur place aux Olivades. Après les échanges et présentations de nos projets respectifs, nous partageons beaucoup de points communs dans nos démarches entre Slow Food et AMAP. Mike est volontaire pour former un groupe avec ses adhérents du Convivium Slow Food, locaux et proches des Olivades.

En juin 2001, une réunion est programmée aux Olivades, regroupant les membres du groupe Slow Food, et toutes les personnes intéressées. 400 lettres aux « clients » du point de vente sont envoyées, pour les inviter à venir découvrir cette nouvelle forme de fonctionnement.

Pour témoigner, les consommateurs pionniers d'Aubagne Denis et Juan, de l'AMAPA rédigent un bilan de notre expérience commune plein d'enthousiasme.

Parallèlement à cela, nous, producteurs, mettons en avant les avantages du concept comme une solution aux problèmes de l'agriculture, au maintien de notre activité et de la ferme des Olivades.

A l'issue de cette réunion, Mike forme un groupe aux Olivades appelé « AMA ferme-Slow-Food ». Il est le coordinateur pour le regroupement, la prise des inscriptions et les informations à diffuser à partir des documents de bases et de ceux qu'il a rédigés. Pour former la deuxième AMAP des Olivades, il me faut regrouper les consommateurs du magasin, prendre les inscriptions, donner toutes les informations individuellement. Je me rappelle avoir été épuisée, à tant renseigner, sensibiliser, un par un, ceux qui sont devenus nos partenaires en AMAP. C'est dire que ce concept comprend de nombreux volets et qu'il faut les aborder tous. Tout est nouveau et inhabituel mais grâce à cette réunion et à nos efforts conjugués, Mike et son Convivium, les amapiens d'Aubagne et nous-mêmes, avons pu convaincre suffisamment de personnes pour nous permettre de réaliser cet objectif. Nous créons donc deux AMAP à la ferme de cinquante familles chacune et demandons aussi à nos partenaires d'Aubagne d'aller jusqu'à cinquante paniers pour atteindre ainsi cent cinquante familles au total pour la viabilité du projet.

---

[8] Convivium Provence de la Fondation Slow Food – http://www.slowfood.fr/

Les distributions aux Olivades se feront sur le lieu déjà existant pour la vente directe.

Comme tous nos clients du magasin n'ont pas suivi le mouvement, je m'emploie à justifier la fermeture du point de vente pour laisser la place à l'AMAP avec beaucoup de communication, d'affichages et de précisions sur le fonctionnement du système.

Le 9 septembre 2001, c'est le pique-nique d'information des nouveaux partenaires et la rencontre avec les amapiens d'Aubagne qui témoigneront des 5 mois d'expérience.

Brigitte parle de sa façon de programmer ses repas avec son panier hebdomadaire :

« Alors qu'avant j'achetais les ingrédients pour faire un plat, maintenant, je fais avec les produits du panier et je compose le menu en fonction du contenu du panier. » Ces témoignages sont sincères, stimulants. Ils apportent la preuve que le concept leur convient et comme disent certains : « On ne peut plus se passer des produits des Olivades. »

Cette journée du 9 septembre a été porteuse, le projet des deux distributions aux Olivades se précise et les amapiens d'Aubagne nous renouvellent leur confiance pour la deuxième saison.

C'est ainsi que la première semaine d'octobre 2001, les Olivades accueillent la première distribution des deux nouvelles AMAP.

L'organisation du travail à la ferme se répartit de la façon suivante : le matin est consacré au ramassage qui peut déborder dans l'après-midi selon la saison de production, l'après-midi est consacré à l'emballage, à la pesée ou à la répartition équitable en quantité et en variétés, pour les tomates anciennes par exemple, pour que toute la diversité de la production soit bien répartie.

Tout doit être prêt pour l'heure de la distribution ; une fois le partage fini, les caisses sont installées de part et d'autre du tableau où j'écris la composition du panier.

Comme pour Aubagne, la préparation des « parts » équitables me préoccupe. C'est devenu une réalité dans l'histoire des AMAP, quand la distribution se passe sur la ferme, l'implication du producteur se prolonge naturellement jusqu'à la mise en place des produits.

Pour le démarrage de l'AMAP-Slow Food aux Olivades, Mike prépare les listes. Mais ses responsabilités ne lui ont pas permis de s'investir pour la suite de la coordination de l'AMAP et je gère seule les deux distributions aux Olivades.

Dès la première saison d'AMAP aux Olivades, en octobre 2001, nous instaurons le « panier solidaire », comme nous l'avons vu à la distribution de la CSA de New York. Nous l'avons donné à un(e) étudiant(e), une personne au chômage, en difficulté, etc. Cette formule nous permet de faire profiter quelqu'un qui n'a pas les moyens de s'engager financièrement. En contrepartie, au moment de la distribution, cette personne s'occupe du chargement des caisses pleines de produits et du rangement des caisses vides. Elle guide ceux qui ne connaissent pas le système. Ainsi, Daniel et moi sommes libérés, notre travail est fini, nous sommes disponibles pour toutes les informations à donner sur les produits nouveaux de la biodiversité des Olivades, et pour recevoir les visiteurs permanents de l'AMAP.

La permanence – accueil à la distribution
(Photo de Pascal NK1/fokus21.org)

Ce système de panier solidaire a duré six ans. En accord avec nos coordinateurs nous avons estimé qu'il était préférable de responsabiliser, à chaque distribution, un des deux amapiens inscrits à la permanence. La participation à cette tâche leur permet de baigner dans l'AMAP et de bien en comprendre le fonctionnement.

En décembre 2001, nous faisons une réunion d'étape de la saison pour l'évaluation des trois premiers mois de l'AMAP des Olivades.

Un consommateur, Laurent, en fait le compte rendu, qui me permet de mesurer la motivation, d'apprécier l'évolution dans la réflexion et l'implication de certains. Nos amapiens partagent avec nous les mêmes valeurs dans le même état d'esprit.

Au cours de la deuxième saison, en 2002, j'ai le souci de partager l'organisation pratique de l'AMAP aux Olivades. Une amapienne, Nadine, a du temps. Elle se propose de s'occuper du secrétariat, des listes des inscrits et de la trésorerie.

Daniel et moi, nous restons très impliqués dans le fonctionnement pratique de la distribution.

Il faut réussir cette expérience, nous n'avons pas d'autre choix désormais. Il n'y a plus de point de vente aux Olivades et l'AMAP est notre dernier recours. Globalement, le bilan est bon et l'ambiance chaleureuse.

Il nous est difficile de nous projeter sur l'avenir du concept bien que Daniel prévoie en Provence, un rythme de développement de vingt AMAP par an. Il ne s'est pas trompé.

Nous savons que, pour l'agriculture, c'est une expérience à poursuivre même si, côté consommateurs et malgré la demande, la mobilisation, l'implication de nombreux acteurs sur le projet, beaucoup disent : « C'est une mode, ça ne durera pas. »

Pour nous, producteurs, c'est merveilleux. Ce métier que plus personne ne peut exercer d'une façon cohérente et sans avoir l'impression de « marcher sur la tête », ce métier-là est enfin, et à nouveau, possible.

Tomates anciennes
(Photo de Pascal NK1/fokus21.org)

L'INFORMATION - LA COMMUNICATION

La médiatisation de la crise d'insécurité alimentaire a favorisé la prise de conscience du consommateur, de l'importance de la qualité de notre alimentation et contribué à la démarche de création de la première AMAP. Les médias ont aussi joué un rôle très important.

La presse écrite, la radio et la télévision ont présenté le concept comme une solution à la « mal bouffe ». Cela aura une forte influence sur les consommateurs et les demandes d'informations ne cesseront d'augmenter. L'impact des reportages et petits films à la télévision est très fort, il dure des années. Ces courts métrages nous servent toujours, notamment le reportage de 4 minutes fait par France 3 Marseille sur une distribution d'Aubagne. Cet enregistrement a beaucoup servi pour la présentation et la sensibilisation au concept.

Un extrait du reportage : c'est un soir glacial de février 2002 la journaliste demande à Andrée, amapienne d'Aubagne, ce qu'elle pense du système :

« Il fait -5° ce soir, alors, Madame, êtes-vous contente de l'AMAP, ce n'est pas trop dur ?

— Oh non ! Je suis tellement contente d'avoir des légumes qui viennent d'être ramassés. Ils sont bons et sains et si en plus, l'agriculteur peut rester sur sa ferme, alors, c'est le plus important finalement ! »

Dans la construction des premiers projets c'est surtout le téléphone qui est utilisé. L'aide à la création d'AMAP se fait par de longs entretiens téléphoniques, préambules aux entretiens directs entre les futurs acteurs et les initiateurs. Le contact par téléphone reste encore aujourd'hui le meilleur outil pour l'approche professionnelle agricole des paysans, pour la conduite et la réussite du projet.

De nombreux autres moyens de communiquer existent, liste de diffusion, blogs, ou encore sites Internet et surtout l'élément essentiel de la communication en AMAP : la « lettre du jardin ». Elle entretient le lien et favorise la compréhension des problèmes agraires. Le producteur communique sur l'aspect professionnel, les nouvelles des productions, les aléas, les événements et les besoins de la ferme. Même si le temps manque il est important que le paysan la rédige pour éviter des malaises dus au manque d'information. Cette communication doit être soutenue notamment pour les nouveaux amapiens.

Lettre aux amapiens des Olivades
14e distribution – 3, 5, 7 juillet 2006

« Attention ! La distribution du vendredi 14 juillet est avancée au 13 juillet 2006. Comme vous pouvez le voir, au niveau des productions, les tomates produisent et produisent comme jamais. J'espère que vous appréciez la saveur et la diversité des couleurs de ces tomates anciennes. Après l'hiver restrictif, Daniel prend de telles précautions pour ne pas manquer de produits, qu'il augmente le nombre de plants par sécurité. Il est vrai qu'avec ces tomates anciennes on a toujours peur qu'elles soient plus sensibles que les « modernes » que nous plantons en plus par précaution. En fait la nouvelle « lutte biologique intégrée » a été très efficace et les plants ont été très robustes dès le départ. Cela a eu pour effet une super production (en technicolor) mais ce n'est pas du cinéma !

Concernant les oignons blancs :

Cette année nous avons évité que les herbes ne les envahissent comme l'année dernière, où nous en avions eu peu et de tout petits.

Daniel a mis les oignons sous paillage, ce qui a pour effet d'empêcher l'herbe de pousser et de maintenir l'humidité. Vous avez vu le résultat sur la grosseur des oignons et leur quantité.

Ce sont des oignons frais, ils ne se gardent pas au-delà de l'été. Leur essence est moins forte (on ne pleure pas en les coupant). Ils sont doux et beaucoup plus digestes que les oignons secs que vous achetez en grande distribution, pour cuisiner, qui sont déshydratés et irradiés pour ne pas qu'ils germent.

Cultivé depuis 6 000 ans, l'oignon est originaire d'Asie centrale. Il est très diurétique, et contient des flavonoïdes, de la provitamine A, des vitamines B1, B12 et une forte proportion de vitamine C. Il contient du fructosane, du sucre réducteur (10 à 15 %) et un peu de saccharose. Il peut faire tomber le taux de glucose sanguin. Enfin, le jus et l'essence d'oignon sont fortement bactériostatiques. Pour consommer ces oignons frais sans modération, je vous conseille la préparation rapide et très agréable pour accompagner les salades de tomates, concombres et poivrons ainsi que n'importe quel légume cuit à la vapeur : courgettes, carottes, aubergines, pomme de terre, poivrons cuits au four etc.

Recette de la Sauce vinaigrette à l'oignon, au persil ou basilic

Dans une jatte, coupez fin un gros oignon et une poignée de persil. Ajoutez l'huile d'olive, un bon vinaigre balsamique et une pincée de sel.

Mélangez le contenu de votre sauce qui doit être épaissie par le persil et l'oignon. Vous pouvez remplacer le persil par du basilic, ses feuilles, ses fleurs et ses graines.

Cette sauce toute prête peut être faîte à l'avance pour que l'oignon ait le temps de confire dans le vinaigre. Il est ainsi rendu encore plus digeste. Tous les jours vous pouvez ajouter un oignon pour le repas suivant. (...)

À la semaine prochaine.

Denise, pour l'équipe des Olivades. »

La transparence et la communication permettent aux amapiens de comprendre les propositions d'ordre économique comme l'augmentation du prix du panier pour la viabilité de la ferme et la durabilité de l'AMAP. Beaucoup de paysans et paysannes doivent la survie de leur AMAP à la communication comme pour Isabelle de Vidauban, Sylvie et Daniel Boitelle dans l'Aisne, Marie de Midi Pyrénées, Odile de Haute Savoie, Marc Prietto de Corse, Daniel et moi, et tant d'autres, qui écrivent régulièrement la lettre.

Côté amapien, quand l'occasion se présente, poussé par une envie d'exprimer les petits bonheurs de l'AMAP, quelqu'un rédige une lettre, ponctuellement. C'est souvent un beau cadeau pour le producteur ! Virginie, productrice de l'AMAP de Biguglia en Corse n'a pu écrire sa lettre de la semaine en fin d'année 2005, c'est Ariane, consommatrice, et co-créatrice de l'AMAP qui s'en charge :

« Bonsoir, à tous et à toutes

Virginie ayant des soucis techniques d'ordinateur, il n'y aura pas de lettre cette semaine. Je fais donc office de scribe de remplacement !

Je profite, en cette dernière ligne droite de fin d'année, pour vous dire à quel point je suis ravie que l'AMAP "Le Bio jardin de Virginie" ait pu voir le jour en 2005 et générer autant d'intérêt et d'enthousiasme, 77 familles à ce jour quand même !

L'an dernier, à la même période, notre petit groupe était loin d'imaginer que tant de personnes (il faut y ajouter les conjoints, les enfants, les familles et les amis...) connaîtraient l'existence de l'AMAP à la fin de l'année 2005 !

Le bilan est très positif, j'y trouve personnellement, au-delà des paniers, une immense richesse humaine, passionnante ! Ces liens sont à développer à l'heure ou l'individualité prime sur le groupe ! Nous sommes tous embarqués sur le même navire qu'est notre belle terre, bien abîmée, par l'inconscience humaine de quelques-uns ! Modestement mais sûrement, je crois que nous contribuons à inverser le processus de destruction massive de la planète. Il faut espérer que conscience et raison gagneront de plus en plus nos frères humains, dans les décennies futures...

Si nous voulons espérer un monde viable pour nos enfants, nous avons du pain sur la planche !

Merci de nous communiquer vos idées, vos initiatives personnelles, pour qu'autour de l'AMAP, une multitude de projets puissent germer ou fleurir...

L'avenir de l'AMAP appartient à chaque membre, il sera ce que nous en ferons collectivement !

PACE è SALUTE à tutti, Ariane. »

Les moyens modernes et notamment Internet permettent une communication transversale entre AMAP, en France mais aussi à l'étranger. Le meilleur exemple est celui du Japon. Avec Internet, il est facile de garder le contact avec les Japonais que nous avons accueillis aux Olivades. C'était en 2003, un groupe de consommateurs accompagnait Monsieur Hoschi, un vieil agriculteur japonais, avec qui ils ont créé le premier Teikei.

Au cours de leur visite Monsieur Hoschi nous dit au sujet l'AMAP : « Vous avez fait en 3 ans ce que nous avons mis trente ans à faire. » Ce compliment est une récompense pour l'assiduité à communiquer et pour notre investissement à transmettre.

Internet a contribué fortement à l'essor et à la rapidité de développement du concept, par la possibilité offerte à tous de « visualiser » le phénomène.

Des sites, des blogs, racontent de façon vivante et documentée la vie de centaines d'AMAP, leur organisation, les animations proposées.

Il faut féliciter les innombrables coordinateurs responsables et bénévoles qui, aidés par Internet, font passer l'information et orchestrent avec dévouement la symphonie des distributions. Pour les producteurs, Internet est aussi le meilleur outil pour communiquer, organiser les ateliers et diffuser la lettre. Isabelle Bouvier en AMAP depuis 2003, rédige régulièrement sa lettre :

« N° 9, le 2 septembre 2009

Cette saison 2009, il était primordial pour le groupe de gestion que les amapiens (Vous !) viennent plus sur la ferme. Je me suis creusée les méninges pour essayer de préciser les possibilités d'ateliers sur une année. Il a fallu ensuite le mettre sur papier pour que chaque partenaire puisse formaliser ses possibilités ! Je me suis bien rendu compte que tout le monde n'a pas la même logique ! C'était un peu le bazar ! Et puis je n'ai pas eu le temps de centraliser vos souhaits et possibilités. Mais ça a eu l'immense mérite d'ouvrir une porte dans vos imaginaires ! Beaucoup d'entre vous se sont questionnés et ont participé à un atelier. Le système de tableaux de Michel est pas mal, même si tout le monde n'arrive pas à « ouvrir » ce truc. C'est vrai que celui qui n'a pas Internet... est bien décalé. Je le regrette profondément et suis déçue que la technique ne résolve pas tout ! Moi je suis bien contente de vous avoir reçus sur la ferme ! Bien contente de partager un petit bout de mon quotidien et surtout d'avoir pu vous relier à la terre. Et puis certes le fruit de l'atelier n'est pas du tout négligeable. Lors de ces ateliers, j'ai rencontré des femmes (les plus participantes), des hommes, quelques enfants avec leurs quotidiens, leurs soucis, leurs regards sur la vie. Une belle fenêtre sur l'extérieur ! Mille mercis. Venez sur la ferme, avec vos enfants, grands, petits... passer de bons moments sous le soleil. »

Rappelons-le, l'AMAP est basée sur le relationnel et la communication. Internet est un outil facilitateur, mais il ne remplace pas le contact humain, les visites ou les rencontres aux distributions, où tout peut être exprimé, expliqué, justifié, en temps réel, face à face et en toute confiance.

L'AMAP ET SES VALEURS QUI FONT DU BIEN

En plus de la valeur économique du concept, une multitude de valeurs humaines et gratifiantes entourent l'AMAP.

La santé

Elle est le déclic de la démarche initiale. Ne l'oublions pas, ce souci principal a impulsé les mamans Japonaises à initier le concept des Teikei dans les années soixante-dix.

L'occasion m'est donnée de choisir l'agriculture, quand Daniel, en 1985, abandonne la culture des fleurs à la Monette, pour reprendre le maraîchage aux Olivades.

En 1987, l'orientation vers la vente directe à la ferme me décide. On met en place un point de vente et c'est quelqu'un de la famille qui doit le tenir. Je m'implique volontiers, même beaucoup plus aisément dans la perspective de distribuer les légumes et les fruits plutôt que les médicaments. Le lien entre la santé et la façon de se nourrir a guidé mon choix de quitter mon métier d'infirmière. Petite fille de maraîchers, en Tunisie, ma grand-mère vendait sur le marché les produits de la ferme, cultivés par mon grand-père et ses quatre garçons, dont mon père.

Mon attachement au jardin est très fort, mais celui de la tradition « cuisinière » aussi. Les recettes puisées dans ma culture culinaire familiale sont adaptées aux productions méditerranéennes des Olivades avec beaucoup de légumes frais et secs, des crudités et des vraies tomates.

A tous ceux qui disent ne pas avoir le temps de cuisiner, je répète volontiers qu'on peut cuisiner deux fois par jour, quand on aime les légumes, qu'on sait d'où ils viennent et que l'on connaît celui ou celle qui les a cultivés. Les bons produits n'ont pas besoin de recettes compliquées. En les servant à table, on peut aussi les accompagner de leur histoire.

A partir des années quatre-vingt, la qualité sanitaire des produits se dégrade. La transformation des modes d'élevages vers l'agro-industrie commence à atteindre la santé. Le pic d'insécurité alimentaire des années 2000, largement relayé par les médias et la télévision au moment de la « vache folle », a été le déclic. Il a favorisé la prise de conscience et la démarche des consommateurs. Par réflexe de santé, ils sont inquiets, veulent être informés.

C'est ainsi que les consommateurs d'Aubagne provoquent une réunion avec les paysans de proximité et leur demandent : « Mais qu'est-ce que cette agriculture qui nous empoisonne ? »

C'est à cette réunion que nous avons pu proposer la solution par l'AMAP. Ce souci de santé a donc déclenché le phénomène d'association avec un producteur local, dans la confiance et la solidarité ce qui, par voie de conséquence, a aussi permis le maintien de ce paysan.

La moitié de la population vit aujourd'hui dans les villes, ce phénomène éloigne et coupe l'individu de la nature, il ne visualise plus les productions et n'en connaissent plus leur saisonnalité.

En s'orientant vers l'AMAP, il fait le choix de la qualité de sa nourriture, de la proximité pour la fraîcheur, l'apport en vitamine C et la qualité gustative des produits de la ferme.

La participation des consommateurs aux ateliers du jardin est une composante de l'AMAP, mais elle a aussi des effets bénéfiques sur la santé : le jardin est un anti-stress notoire !

La cueillette est un moment calme, de silence rempli du chant des oiseaux. Quand le cueilleur se redresse pour s'étirer, il contemple le ciel, les couleurs, les lumières, les haies d'arbres qui bordent le champ et qui le protègent. Quand il s'assoit à même la terre, c'est une sensation de bien-être rassurant et exceptionnel.

C'est ainsi qu'une amapienne à peine sortie d'un cancer raconte à son producteur ce qu'elle a ressenti :

« Ça m'a fait du bien, je ne pensais plus être capable d'en faire autant. »

Un autre amapien, cardiaque, rapporte l'avis de son médecin : « Votre cœur va mieux, surtout, continuez à aller au jardin. »

Producteur et consommateurs, s'associent aussi pour garder la planète en bonne santé. En privilégiant la proximité, il en découle moins de transports, un minimum d'emballages et un maintien de la biodiversité et des équilibres du vivant de la terre.

Pour l'agriculteur, l'AMAP permet de faire le pas vers l'agriculture saine, d'abandonner totalement les pesticides, herbicides... et de retourner à la biodiversité, enfin libre de pouvoir « bichonner » sa terre, la toucher, la sentir, la soigner, la travailler respectueusement.

Danielle Coste pédiatre nutritionniste et amapienne de la première AMAP a enquêté sur les motivations des consommateurs pour ce concept.

Voici son exposé :

Les contrats entre agriculteurs et consommateurs
Université d'été de l'INRA. Clermont-Ferrand, septembre 2004

Les AMAP (Association pour le Maintien de l'Agriculture Paysanne)

Le point de vue du consommateur

Contribution de Danielle COSTE, Pédiatre Nutritionniste,
Amapienne de base à l'AMAPA.

« Ce nouveau mode de distribution a fait naître, au niveau des consommateurs, un néologisme : « Amapien » et une locution nouvelle « Etre au panier ».

Des conversations informelles avec les Amapiens, à l'occasion des distributions ou des diverses réunions ou ateliers, émergent un certain nombre de commentaires récurrents.

1. Contrairement à ce qu'ils craignaient en adhérant, le fait de devoir chercher un panier à date et heures fixes ne représente pas une contrainte. Au contraire, ils disent mieux s'organiser et, au total, consacrer moins de temps à « faire les courses » (et souvent aller beaucoup moins au super marché...). Et surtout, tous soulignent que ce moment est un moment joyeux : ils sont heureux de rencontrer le producteur, heureux d'échanger avec les autres Amapiens.

2. Contrairement aussi à leurs craintes, le fait d'avoir des fruits et des légumes « imposés » n'est pas non plus pénalisant. Beaucoup disent avoir l'impression d'avoir un jardin (le travail en moins !) et de manger ce qu'il leur fournit. Et ceci leur impose de faire travailler leur imagination quant à la composition des menus et à l'élaboration de certains plats. Il faut faire avec ce qu'on a, qualitativement et quantitativement. Que faire, par exemple, en début de saison, avec une seule aubergine pour une famille (mais il y a beaucoup d'autres légumes par ailleurs dans le panier ? Par exemple, la mélanger à des pâtes, avec des herbes, épices ou aromates, ce qu'ils n'avaient jamais fait auparavant...

3. De même, le fait d'avoir en une fois les produits frais pour la semaine nécessite une réflexion quant à leur « gestion » : conservation, utilisation en cru ou cuit, type de recette, etc.

4. La plupart disent manger beaucoup plus de légumes frais qu'auparavant, puisqu'ils les ont ! (ceux pour lesquels ce n'est pas le cas en mangeaient déjà beaucoup...), alors qu'auparavant, ils en achetaient beaucoup moins, « par facilité » ou parce qu'ils étaient déçus de la qualité ou du rapport qualité/prix. Ceci est assorti à une petite contrainte de temps (bien acceptée) lors de la préparation, par rapport aux conserves, aux plats préparés, à la viande ou à la charcuterie, à certains féculents.

5. La plupart aussi disent cuisiner davantage et aussi être plus inventifs en cuisine (quand ils n'expérimentent pas les recettes jointes à la lettre). En pratique, il s'agit maintenant d'élaborer les menus à partir de la base de légumes proposée (que cuisiner avec ?) alors qu'auparavant il s'agissait de trouver avec quels légumes accompagner ce qui constituait alors la base du repas (viande, poisson, pâtes, ...).

6. Presque tous les parents disent que leurs enfants mangent beaucoup plus de fruits et de légumes qu'auparavant : parce qu'ils sont meilleurs, parce qu'ils connaissent la ferme et les fermiers ou parce qu'ils participent au remplissage du panier.

7. Enfin, tous ont pleinement conscience d'être devenus des « consomm'acteurs » : au quotidien et en privé (résistance à la pression des grands circuits de distribution, temps consacré à la préparation des repas, exigence quant à la qualité ...). Comme au niveau citoyen (conscience de contribuer à la structuration de la société, des territoires et de la cité, grâce à la promotion de nouveaux modes de distribution, à la pérennisation de certaines pratiques agricoles, et à la préservation de terres fertiles en zones périurbaines).

Pour affiner cela, un questionnaire a été distribué dans deux AMAP (soit en tout 280 consommateurs) et 70 réponses sont parvenues à ce jour. Le questionnaire portait sur les motifs de l'adhésion, les changements d'habitudes alimentaires et de consommation, les enfants, ainsi qu'une « expression libre ».

Motifs de l'adhésion :

La quasi-totalité (68 sur 70) a coché le « Maintien de l'agriculture de proximité ». On peut se demander si un tel taux de réponses positives aurait été obtenu si cet item n'avait pas été présenté en premier dans la liste des réponses possibles ou s'il serait ressorti dans « Autres » s'il n'avait pas été énoncé. Quoi qu'il en soit, les Amapiens sont maintenant convaincus de la nécessité de pérenniser ce type d'agriculture et sont prêts à se mobiliser pour le défendre.

Les items « Santé » et « Environnement » sont également plébiscités : 62 pour la santé, 58 pour l'environnement. L'item « Social » (peu précis en fait) est coché 23 fois.

Dans la case ouverte « Autres, motifs » sont mentionnés : qualité et saveur, produits « sains », non traités ; confiance, connaissance du producteur ; maintien du paysage rural et de la qualité du terroir ; pérennisation du savoir et du travail des générations précédentes ; lutte contre l'agriculture productiviste, citoyenneté, prise en main du quotidien ...

Changements d'habitudes alimentaires et de consommation :

Plus du quart des réponses signale une plus grande consommation de légumes, avec souvent plus de variété et de saisonnalité et plus de temps consacré à la cuisine ; mais aussi plus de céréales et légumineuses en association avec les légumes et moins de viande. Même pourcentage pour ceux qui disent fréquenter moins souvent la grande distribution (les autres étant souvent déjà des habitués des marchés et de la vente directe) et surtout qui signalent moins d'achats inutiles et d'achats de « choses à grignoter ».

Les enfants :

Environ le tiers n'a pas d'enfants ou plus d'enfants à la maison. Presque tous les enfants mangent davantage de légumes, un peu

moins mangent davantage de fruits. La moitié des enfants mange volontiers les légumes qu'ils refusaient auparavant, presque tous acceptent volontiers les « nouveaux » légumes du panier.
« Vécu » et « Expression libre » :

Ces espaces ouverts ont été utilisés par plus de 80 % des répondants.

Reviennent le plus souvent : la qualité gustative, sanitaire et nutritionnelle ; la conscience de contribuer à la préservation de l'environnement et à la qualité de vie des générations futures ; une prise de conscience des réalités et des problèmes du monde agricole, avec un nouveau rapport à la ruralité ; également, un nouveau rapport à l'approvisionnement (moins de temps et plus de plaisir à « faire les courses ») ; la convivialité et la solidarité, la responsabilité. Beaucoup disent également avoir acquis ou retrouvé une plus grande finesse dans la perception des saveurs, être devenus plus exigeants quant à la qualité des aliments en général (et pas seulement des fruits et des légumes) et avoir retrouvé le rythme des saisons. On note aussi la très jolie expression : « fermier de famille ». Surtout, il est frappant de voir revenir régulièrement des mots tels que « plaisir », « heureux », « ravi », et surtout « bonheur » : les Amapiens sont des consommateurs heureux et souhaitent le rester !

***

Enfin, si ce consommateur est en outre nutritionniste, il (ou elle !) ne pourra que constater que ce mode de consommation est facteur de préservation de la santé, physique et mentale, des générations actuelles et futures :

– Par la répartition des aliments selon les recommandations nutritionnelles consensuelles : base importante de produits végétaux et rareté relative des produits animaux.

– Par les modes de cueillette et de distribution, garants en principe d'une teneur optimale en micro-nutriments protecteurs.

– Par la limitation de la pollution environnementale : techniques culturales n'utilisant pas, ou exceptionnellement, l'agrochimie ; réduction de la consommation de carburant à tous les niveaux de l'approvisionnement ; absence ou limitation drastique des emballages (donc peu ou pas de coût énergétique

pour leur production et leur diffusion, et réduction maximale des déchets).

– Par la consommation de produits alimentaires pratiquement exempts de contamination chimique (techniques culturales « propres », absence de transferts de polluants par le contact de l'emballage).

– Par le maintien ou le développement d'emplois de proximité de qualité.

– Par la préservation des terres fertiles et de la biodiversité, la pérennisation des paysages ruraux traditionnels, la transmission des savoir-faire des générations précédentes, qui toutes sont, partie intégrante de notre patrimoine culturel. »

Le bien-être

Tous ceux qui ont choisi de s'engager dans une AMAP ont éprouvé cette empathie, se sont sentis en phase avec les autres et avec la nature.

Cet état de grâce dans l'AMAP a en partie contribué à la réussite du concept.

Il a, entre autres bienfaits, permis de surmonter les contraintes et d'être encore aujourd'hui une alternative économique, basée sur la relation humaine. Il n'y a pas de rapports commerciaux. L'individu a besoin du producteur pour manger. Chaque producteur a besoin du soutien des mangeurs pour vivre. C'est une interdépendance en bonne complicité.

Le jardin du producteur en AMAP est aussi un lieu de bien-être, où rejaillissent les souvenirs d'enfance.

Aussi est-il fréquent d'entendre ces réflexions :

– « Venir à l'AMAP c'est un vrai bonheur. »

– « Je retrouve des souvenirs et des saveurs de mon enfance.

– « Ca me rappelle le jardin de mon grand-père. »

– « La lettre du jardinier, je la lis une deuxième fois avec mes enfants. »

La distribution est aussi un moment de plaisir réciproque, comme un jour de fête avec sa distribution de cadeaux : contents de donner, contents de recevoir.

Les sentiments relatés sont ressentis par tous, agriculteurs et partenaires.

Quelque chose de très important s'est amélioré pour le producteur en AMAP. C'est une vraie satisfaction pour lui, de pouvoir faire son métier sans contrainte de commercialisation, dans la certitude d'écouler le fruit de son travail. Les amapiens le soutiennent, l'encouragent moralement et même physiquement par les aides ponctuelles, qui se font généralement, pour monter une serre en équipe par exemple. Les témoignages des producteurs expriment une certaine gratitude envers ces mangeurs qui les soutiennent et leur font confiance.

Un bouquet de blettes
(Photo de Valérie Thyot)

La convivialité

La distribution est le lieu d'échange improvisé où la bonne ambiance profite à tous. La convivialité et l'ambiance naturelle, spontanée, au cours des distributions d'AMAP, contrastent avec le gigantisme, l'anonymat de la grande distribution et le côté virtuel de la société actuelle.

Pour ceux qui, comme moi, ont connu l'arrivée des hypermarchés dans notre mode d'approvisionnement dans les années soixante-dix et le mal-être vécu dans ces temples du superflu, de l'artifice publicitaire et de la surconsommation, l'AMAP nous ramène aux souvenirs des marchés de villes où chaque marchand nous était familier. Il y avait un magasin pour chaque type d'achat, nous allions toujours « chez quelqu'un » qui nous accueillait et nous servait avec attention.

De l'extérieur, ces sentiments exprimés peuvent paraître puérils, mais ils sont sincères, sans retenue, sans mise en scène, naturels et communicatifs.

La personne peu expansive se reconnaît dans les élans de joie de l'autre ; celle qui a des problèmes personnels se laisse gagner, au moins le temps de la distribution, par l'enthousiasme général.

Cette ambiance particulière et chaleureuse a très vite contribué à augmenter notre premier groupe passant de trente-deux à quarante-trois consommateurs en fin de saison.

Le soin

Le bien-être certain du partenaire paysan en AMAP l'amène volontiers à faire un travail soigné et attentionné. Virginie, productrice de la première AMAP de Corse, exprime sincèrement cette valeur dans une de ses lettres dont voici un extrait :

« (...) Il faut que vous sachiez que nous faisons notre métier avec beaucoup de passion et d'amour, mais aussi de transparence. Nous aimons ce que nous faisons, nous croyons en l'agriculture bio, en un monde meilleur et il appartient à chacun de nous d'aller dans ce sens. Le métier d'agriculteur bio devient de plus en plus difficile, nous travaillons avec la nature, mais la nature est en train de mourir, les saisons n'existent plus, les arbres ne savent plus quand fleurir ou se reposer, la sécheresse nous guette, puis des trombes d'eau...

Vous êtes là chaque semaine pour nous encourager, nous dire de continuer... Nous vous avons à nos côtés tout au long des saisons, c'est un vrai bonheur d'avancer comme cela. Merci. »

En préparant la distribution aux Olivades, j'apporte le plus grand soin au partage des produits. A la manière des Teikei, où « l'on met le visage du producteur sur le produit », c'est réciproque pour moi qui vois les visages de ceux pour qui je prépare les « parts de panier ». Les tomates anciennes sont en sacs, pesées de façon que chacun puisse avoir une bonne répartition de la biodiversité, des formes et des couleurs de la production.

Daniel et moi pouvons aussi témoigner de cette attention très particulière dans la façon de s'exprimer de notre premier groupe de consommateurs d'Aubagne. Jean-Louis, Paule et Nicole disent : « nos producteurs préférés ». Ce témoignage d'affection est fréquent chez les acteurs de la création d'une AMAP qui ont souvent mis une implication personnelle importante en plus de la démarche commune à tous les consommateurs. Les acteurs sont heureux de cette relation et la protègent d'une façon maternelle. Ils en prennent soin comme s'il ne fallait plus perdre à nouveau ce lien précieux avec le paysan, gardien de la valeur nourricière de la Terre et de la Nature en général.

Les plaisirs simples de savourer un bon produit, une vraie tomate, celle qui est encore dans la mémoire de ceux qui les ont connues.

L'enthousiasme des consommateurs envers l'AMAP a gagné tous les âges et tous les niveaux sociaux.

En 2001, les consommateurs d'Aubagne, initiateurs de la première AMAP qui ont fait le grand saut avec nous, sont en majorité des retraités alter mondialistes et militants. Mais, très vite, le concept accueille des jeunes parents, maintenant majoritaires dans les AMAP.

Sur la photo du groupe de la première AMAP en 2001 (p. 51), on voit un seul petit enfant assis par terre. Sur la photo du pique-nique de 2008 (p. 111), on aperçoit beaucoup plus d'enfants, de poussettes et de ventres ronds de mamans en attente de l'heureux événement.

Partage des tomates pour les paniers
(Photo de Pascal NK1/fokus21.org)

Le constat est évident : l'AMAP apporte un bien-être incontestable suivi de la guérison d'un mal-être, voire de certaines pathologies causées par la situation de stress et de difficultés vécues par les producteurs avant l'AMAP.

Pour ma part, j'ai déjà évoqué le plaisir de connaître les personnes pour lesquelles je travaille. C'est tellement plus sympathique de mettre des noms et des visages sur ceux qui nous soutiennent et nous font confiance. C'est aussi un bon moyen de supporter la pénibilité du travail et les intempéries. D'ailleurs, dans toutes ces années de fonctionnement en AMAP, pour le paysan, le mauvais temps ou la trop forte chaleur n'est pas un obstacle au ramassage le jour de distribution. Aimé, maraîcher à Mollégès, lors d'un rude hiver, alors que la météo prévoyait de la neige, fait inhabituel dans sa région, prend les devants avant qu'elle ne tombe, ramasse d'avance des rangées de poireaux et les stocke pour ses amapiens. Ces anticipations sont courantes en régions froides mais en Provence, c'est bien par souci de ne pas manquer un jour de distribution qu'Aimé ramasse en prévision.

Cette attention des producteurs se traduit aussi par des marques de générosité et d'accueil d'événements festifs d'une grande convivialité où tous les produits du jardin sont goûtés pour le bonheur de tous. Et, phénomène remarquable, l'âge moyen des familles étant très jeune, les nombreux enfants s'amusent joyeusement et naturellement dans le jardin, les plus grands fabriquent leur jeu avec beaucoup de créativité ou s'éparpillent dans un milieu qu'ils ne connaissent pas.

À notre premier pique-nique de lancement de la première AMAP aux Olivades, en avril 2001, nous avons découvert une cabane en roseaux, faite par les enfants, alors qu'ils venaient pour la première fois aux Olivades.

La confiance, le partage

Amapiens et producteurs partagent le simple plaisir de manger des produits bons et frais. Le sens du don est quelque chose de réel et d'universel chez les paysans. Les consommateurs en AMAP savent que les producteurs n'entrent pas dans le concept pour gagner de l'argent. L'amapien coordinateur qui se mobilise est aussi dans le don. Il est souvent seul à construire le projet d'AMAP et le partage cependant avec tous. Son implication est très importante et totalement bénévole.

Le prix du panier est le même pour tous, quels que soient ses moyens financiers et le dévouement pour l'organisation de l'AMAP.

Dans certaines CSA, aux Etats-Unis, il existe une péréquation. C'est une forme de solidarité envers ceux qui ne peuvent accéder aux CSA. Les partenaires dont le salaire est élevé acceptent un engagement financier supérieur pour que des personnes à faible revenu puissent adhérer aux CSA.

Nous n'avons pas repris ce système, mais il pourrait facilement être mis en place, en accord avec tous.

Le partage des aléas climatiques est aussi une réalité. Ces accidents engendrent une baisse de volume ou de quantité de produits voire une pénurie. Cet engagement est inconnu des autres systèmes d'écoulement de la production. Enfin, l'AMAP est une solution que nous avons à cœur de partager pour la multiplier.

La valeur pédagogique

Pour les enfants et auprès des écoles, l'AMAP a aussi une action éducative, par la découverte et la sensibilisation dans les jardins. Le lien est direct entre la nature, la terre et les produits qu'ils mangent, souvent sur place, après les avoir ramassés.

Les parents nous racontent que leurs enfants acceptent de goûter aux légumes quand on leur précise qu'ils viennent du jardin où le maraîcher les a fait pousser pour eux. L'AMAP favorise les bonnes actions pour la planète, le comportement éco citoyen et évite l'accumulation des déchets. Ainsi, Virginie, dans son « bio jardin » » de Corse met en place des ateliers pédagogiques pour les enfants de l'AMAP et des systèmes de récupération et de recyclage en tout genre. Voici quelques exemples dans cet extrait de la lettre de Virginie du 27 octobre 2008 :

« *(...) Nous devons limiter les emballages de toutes sortes. Je récupère : les boîtes d'œufs pour Chantal, et le pain dur pour les animaux. Tous les emballages non abîmés : barquettes de fraises, élastiques, sachets papiers pour les patates, tomates etc. Mais aussi les grands sacs krafts que je donne aux demi-paniers. Ces sacs m'ont été donnés, j'en ai pas mal, mais ce ne sera pas éternel. (...) Veuillez les rapporter car j'en donne beaucoup trop par rapport à ce qui me revient !*

Nous avons offert aux amapiens de cet été un cabas « terra bio Corsica » en toile de jute. Il faut venir à chaque distribution avec son cabas, je ne distribue plus de caisse. (...) Merci à Richard pour le stock de brouillon pour imprimer les lettres. »

La valorisation du travail de paysan

Pour survivre, le paysan a subi l'évolution de l'économie de marché dans laquelle il est entré bon gré mal gré. Pour celui qui choisit de ne pas rentrer dans le productivisme, il y a souvent un phénomène d'isolement social, il n'a plus de filière. Par logique, bon sens et dignité, il a résisté au productivisme et à l'agriculture industrielle. Il n'a plus de subventions, ce dont il peut être fier, mais est exclu du circuit économique.

A cet isolement se rajoute l'indéniable et ancestral rapport de domination culturelle. Il n'y a pas si longtemps, « paysan » était encore une insulte. La société ne reconnaît plus le rôle, pourtant vital, de l'agriculteur.

Pourtant, lui connaît l'importance de son travail. Un vrai dilemme se pose : produire la nourriture indispensable à la vie ou être forcé d'abandonner son savoir-faire et ses méthodes dites archaïques sous peine d'être rejeté par la société. Cette ambivalence n'est pas sans conséquences et sans traumatismes.

C'est chez les agriculteurs que l'on dénombre le plus de suicides : huit cents en 2009. Dans le monde agricole actuel, le paysan ne forme plus un corps professionnel. Dans un contexte aussi négatif, le métier n'est plus un avenir professionnel, la plupart des enfants ne reprenant pas la suite des parents.

Au plan politique, les petites fermes de Provence sont vouées à disparaître. Nous, maraîchers du littoral varois savons depuis les années 1970 que la Politique Agricole Commune a choisi d'abord l'Espagne, puis le Maroc, puis des coins éloignés de la planète pour produire à notre place. Les rayons des supermarchés remplacent les « Marchés de producteurs de Provence ». La pression foncière et la crise agricole contribuent à leur disparition. Ce phénomène s'est généralisé en France hélas. Il n'y a pas si longtemps les ceintures vertes nourrissaient toutes les villes.

L'AMAP, c'est une partie de la société qui réagit aux signaux d'alarme de santé et aux conséquences de l'agriculture industrielle. Elle prend conscience de la nécessité de se rapprocher de la source de nourriture de proximité, saine et naturelle.

C'est avec ces mangeurs avertis que les agriculteurs qui ont résisté et tenu bon ont pu construire le partenariat AMAP, leur offrant une nouvelle ouverture professionnelle.

Les producteurs en AMAP sont quasiment tous des rescapés de l'absurdité sociale et économique.

Outre la solution économique qu'elle apporte, l'AMAP, de mémoire d'agriculteurs ayant pratiqué tous les systèmes de commercialisation existants, donne une émotion dans l'exercice du métier qui n'a jamais eu son pareil. L'association avec chaque « mangeur » redonne au paysan son amour du métier et le bonheur de produire pour les autres. Jamais un paysan n'a connu une telle dynamique. Cette valorisation sociale lui donne la force de changer de cap, de diversifier les cultures, de sortir de la monoculture et de modifier les pratiques. Il le fait grâce au soutien de ces mangeurs, donc sans risque économique, en une saison, voire en un mois, jusqu'à transformer son métier. Pour tous les producteurs, l'AMAP correspond à un projet professionnel et souvent à un beau projet de vie !

Marc Prietto, maraîcher Corse, écrit régulièrement une lettre à ses amapiens :

« La loi du potager (suite) :

Le logo de notre lettre a plu à beaucoup d'entre vous, puisque nous avons reçu de nombreux « mails » de « sympathisants ».

Merci à tous donc de votre inconditionnel soutien. Ça fait « plaisir à lire ». Ça montre aussi que notre AMAP prend forme. Si l'intitulé a plu à nombre d'entre vous, je vous avoue qu'il nous plaît à nous aussi. Si bien qu'il risque de continuer à orner les lettres aux amapiens… Dans les paniers : les premiers épinards, ils sont magnifiques cette année et vous en aurez sûrement autant la semaine prochaine. Les derniers radis, avant les prochains en sortie d'hiver… Marc et Laetitia. »

Compte tenu de la mauvaise image et la dévalorisation du métier, on pouvait penser que l'association en AMAP avec un paysan serait un frein pour le consommateur ; mais non, au contraire, c'est dans une réelle empathie et surtout dans la même envie de partager le projet que le consommateur s'est mobilisé, est devenu acteur responsable avec le producteur, de ce nouveau partenariat. Chacun a quelque chose d'important à gagner, à réussir le projet.

Cette forme de pacte entre nous, de reconnaissance, nous a aidés à reprendre confiance en notre métier.

Par la suite, dans l'aide à la création d'AMAP et la transmission de notre expérience, combien de fois avons-nous entendu cette réflexion : « Depuis que je suis en AMAP, j'ai l'impression de faire mon vrai métier d'agriculteur. »

Pour Daniel et moi, et pour tous les paysans qui n'ont pas perdu le sens profond de l'agriculture paysanne, l'AMAP est une belle récompense, un juste retour des choses. Producteurs et consommateurs ne cachent pas une certaine fierté à avoir réussi à construire leur AMAP.

En dehors du monde paysan, notamment parmi les informaticiens, on assiste à des reconversions professionnelles vers l'AMAP. Les valeurs humaines qu'elle représente ne sont pas étrangères à ces changements de situation.

La place de la femme dans l'agriculture

A partir des années soixante-dix, quand le gros machinisme entre dans les exploitations, quand les fermes en polyculture et élevage disparaissent, le statut social de la femme n'est toujours pas reconnu. Elle est « conjoint collaborateur », ce qui n'est même pas un statut. Notre paysanne a été petit à petit effacée du corps social agricole, alors qu'elle a toujours eu, de fait, une place importante, voire déterminante dans la ferme. Il devenait de plus en plus difficile de la valoriser, son rôle et sa fonction restant liés à une certaine dimension de l'exploitation.

Dans ce contexte général, malgré les progrès de l'agriculture et les transformations drastiques acceptées souvent par soumission par les agriculteurs, la situation financière des fermes ne s'améliorant pas, notre paysanne a pris de la distance. Elle est allée chercher du travail à la ville ou s'orienter vers une autre formation qui a engagé son avenir ailleurs.

Y a-t-il un lien de cause à effet entre le fait que les femmes aient été absentes durant des décennies des orientations de l'agriculture et des politiques agricoles et la dégradation au sens sanitaire et écologique des pratiques agricoles et ses conséquences sur la santé de l'homme et de la planète ?

Avec l'AMAP, la « fermière » a une belle occasion de revenir à la terre, à l'élevage traditionnel des animaux en pâturage, à la transformation du produit laitier à la ferme etc.

En voyant l'engouement, la joie et l'amour de tant de femmes à exercer l'agriculture en AMAP, c'est sans aucun doute, les valeurs du concept qui les ont influencées dans le choix et le plaisir d'exercer le métier.

Isabelle, productrice en AMAP
(Photo de Pascal NK1/fokus21.org)

La taille humaine des exploitations, la relation de partenaires, et non de vendeur/client, le soutien et la compréhension des amapiens, la planification et l'organisation du travail, le lien, voire la symbiose avec la nature ont permis à la femme de s'épanouir dans une agriculture où elle se sent à sa place.

Au niveau des installations en AMAP, on constate autant de femmes que d'hommes et les stages de formation en agriculture biologique pour l'installation en AMAP attirent autant de filles que de garçons.

Ce phénomène de féminisation de l'agriculture en AMAP est moins visible dans les grandes villes qui ont rayé de leur carte géographique les « ceintures vertes », faisant disparaître les zones principalement maraîchères et familiales.

La place de la femme dans le concept

Comme pour la naissance des Teikei au Japon, la création de l'AMAP en 2001 est liée à la crise d'insécurité alimentaire (vache folle, agneau tremblant, poulet à la dioxine...) qui a déclenché chez l'être humain et surtout chez la femme, le phénomène de défense instinctive de la production nourricière. Tout naturellement, la femme et la terre nourrissent. Quand l'une arrête d'allaiter l'enfant, c'est l'autre qui prend le relais du sein maternel.

Des femmes enceintes et des jeunes mamans, guidées par leur responsabilité vis-à-vis de leur progéniture, veulent savoir d'où viennent les produits et connaître celui ou celle qui va les faire pousser. Les jeunes parents sont toujours plus nombreux à venir s'inscrire à l'AMAP.

Comme nous l'avons vu, les mères Japonaises, ont ainsi trouvé la solution à l'insécurité alimentaire en allant s'approvisionner directement chez les producteurs les plus proches.

Aux Etats-Unis, c'est une femme, Robyn van En, qui met en place la première CSA dans sa ferme « Indian Line » dans le Massachusetts, en 1985, avec les habitants qui l'entouraient. Avec elle, Elizabeth Henderson agricultrice en CSA depuis 25 ans, continue à défendre l'agriculture à taille humaine et biologique aux Etats-Unis et au niveau international dans sa ferme de Peacework[9].

En 2001, en France, à Aubagne, au cours de la dernière réunion pour décider si oui ou non nous nous lancions dans l'expérience AMAP, c'est une jeune femme qui s'est levée en premier, partante pour cette aventure avec nous.

---

[9] Peacework.org – site de la ferme en CSA d'Elizabeth Henderson.

Dans le Var, la première demande d'installation jeune agriculteur en AMAP a été faite par Isabelle Bouvier à Vidauban.

À partir de 2003 en Midi Pyrénées trois femmes se sont investies pour aider à la création d'AMAP et construire le réseau des AMAP dans le seul objectif de maintenir l'agriculture paysanne locale.

En Savoie, zone de montagne, les premières AMAP ont été initiées par des femmes souvent dans des conditions difficiles.

Odile de l'AMAP du potager Balmontin, témoigne dans une de ses lettres :

« Bonsoir,

Au début de mon installation, j'avais tendance à ne parler que du positif d'être maraîchère, de surcroît en AMAP, je donnais envie, on me disait que je transpirais le bonheur. Depuis quelque temps, je me cache moins derrière cette image et je dis « ok », je suis heureuse d'en arriver là au bout de 5 ans, mais le chemin est dur, harassant dévorant d'énergie physique et morale. Sans une profonde et sincère conviction personnelle sans ma hargne et ma volonté de mener à bien mon idée de potager, sans mon caractère de battante nous ne serions plus là. C'est vraiment un dur métier et il faut absolument exposer le pire comme le meilleur aux futurs installés et les accompagner ! (...)
J'ai 1,200 ha dont 1 000 m² de tunnels froids et 45 familles à satisfaire. Mes parents viennent m'aider 1 mois et demi au printemps et j'ai embauché André, adhérent de 63 ans, pour trois mois, de juillet à septembre, 10 heures par semaine. Quand j'ai besoin d'un coup de main, les adhérents viennent volontiers. Le prix linéaire sur la saison est de 21 euros pour 3 à 4 personnes, par semaine, de début mai à fin décembre. Voilà, à plus Odile. »

En Corse, en 2005, Virginie a retrouvé sa place dans le jardin maraîcher avec son mari Jean-Marie. L'AMAP lui donne l'occasion de faire de véritables déclarations d'amour.

Lettre aux amapiens du « bio jardin de Virginie » octobre 2008

« Chaque AMAP est « gérée » différemment selon le groupe de personnes (agriculteurs et consomm'acteurs). Mon rôle me plaît

beaucoup, je fais mon travail avec grand plaisir, et j'en récolte une grande satisfaction. Au fil « des saisons », l'AMAP s'est développée sur notre exploitation, nous lui avons donné la priorité pour écouler notre production et c'est devenu naturellement notre principal débouché. C'est dire l'importance que vous avez, et la place que vous occupez dans notre quotidien !

Maintenant, il nous est impossible d'envisager notre avenir sans l'AMAP. Pour nous c'est une alternative et une réponse à la crise écologique latente puisque nous produisons et vous consommez BIO et LOCAL.

Merci et bonne route à ceux qui partent, Bonne saison aux autres !

PS : Et j'ai juste envie de dire à mon homme qu'il continue encore longtemps à nous produire ses délicieux légumes !

Virginie et Jean Marie. »

Loin de moi l'idée de mettre en compétition hommes et femmes, mais je mets en avant cette féminisation comme un potentiel supplémentaire pour rattraper le temps et les savoir-faire perdus de ce type d'agriculture.

Dans l'essaimage des AMAP (voir L'ESSAIMAGE OU L'AIDE A LA CREATION D'AMAP p. 113), l'histoire est remplie d'exemples de jeunes femmes qui ont la possibilité d'exercer le métier d'agricultrice grâce au système AMAP et qui contribuent ainsi à l'occupation du terrain agricole pour sa noble vocation.

Yolande, bergère et maraîchère en AMAP
(Photo d'Alain Le Breton)

STRUCTURES ET ÉVOLUTION DE L'AMAP

La Confédération Paysanne et la Chambre d'Agriculture

A la fin des années quatre-vingt-dix, Daniel renoue avec le syndicalisme agricole. Nous partageons les valeurs de l'agriculture paysanne défendue par la Confédération Paysanne. Nous y adhérons tous les deux.

Dans le Var, l'agriculture familiale, les petits éleveurs, et tous ceux qui s'accrochent à l'agriculture paysanne sont dans une situation désespérante. En 2000, nous ne pouvons pas garder pour nous le concept que nous avons découvert aux Etats-Unis. Nous le présentons comme une solution, tout au moins comme une expérience à tenter. Au sein de la Confédération paysanne du Var, Daniel propose la création d'une commission « Réseau de proximité ».

Dans un premier temps, l'information et la sensibilisation sont générales. Puis, nous réunissons principalement les producteurs de notre spécialité, les maraîchers, pour aborder ensemble les aspects du concept sous l'angle professionnel.

En cette période, il y a une bonne mobilisation des paysans et la Confédération Paysanne monte en puissance. Les agriculteurs paysans sont portés et soutenus par de nombreux consommateurs stimulés par l'effet José Bové[10], le porte-parole et le grand défenseur de l'agriculture paysanne et locale. Il règne un fort élan de rapprochement consommateurs producteurs qui va être un des ferments du concept AMAP. En janvier 2001, je suis élue de la Confédération Paysanne à la Chambre d'Agriculture pour y représenter les maraîchers. Mais il n'y a plus de commission maraîchage à la Chambre du Var, ce qui donne une idée du peu de maraîchers dans une région qui a connu une intense activité dans cette filière. La Chambre d'Agriculture du Var n'a donc pas apporté sa contribution au développement des AMAP. Le concept est trop

---

[10] José Bové : Co-fondateur de la Confédération Paysanne – altermondialiste - vice-président de la Commission Agriculture du Parlement Européen.

nouveau et trop en marge de l'agriculture conventionnelle prônée par le syndicat majoritaire de cette Chambre.

Alliance PEC (Paysans Ecologistes Consommateurs)

L'association Alliance PEC née en 1991 siégeait à Paris. C'était une plate-forme nationale d'échange et d'information. Sa mission : promouvoir une agriculture saine et écologique et favoriser le partenariat entre les citoyens et le monde rural. L'Alliance regroupait une quarantaine d'associations dont la Confédération Paysanne.

En été 2000, Alliance Pec relève le listing de ses adhérents. Daniel est chargé par le bureau de la Confédération paysanne du Var de le remplir.

Il découvre cette association qui symbolise bien le lien entre les représentants des paysans, des écologistes et des consommateurs. Ces mêmes acteurs qui vont définir le projet d'AMAP. En envoyant le listing, Daniel envoie, pour information, le dossier sur notre projet « AMA ».

En octobre 2000 Julie Deffieux, animatrice d'alliance PEC, nous informe d'un appel à projet, « Dynamiques Solidaires », émanant du « Secrétariat d'Etat à l'Economie Solidaire ». Elle nous fait remarquer qu'après avoir lu notre dossier, elle estime qu'il correspond parfaitement aux critères de sélection de l'Appel à Projet et nous conseille vivement d'être candidats. Nous n'avons pas de structure, elle nous propose donc de faire porter le dossier par Alliance PEC.

Edith, Daniel et moi remplissons le document : « Présentation du système AMA et budget prévisionnel pour mise en application. » Ce n'est qu'un projet, mais il comprend déjà toutes les bases pour sa mise en place pratique et pour lancer le mouvement.

Nous l'envoyons à Julie qui, *in extremis*, demande l'autorisation et la signature d'un membre du Bureau d'Alliance PEC. Notre dossier est retenu, une première aide financière nous sera attribuée. Ce n'est qu'en novembre 2002, alors que notre première AMAP d'Aubagne est déjà créée avec un groupe de consommateurs, qu'Alliance PEC organise un séminaire à Lyon : « Développer les partenariats consommateurs-producteurs. » J'y présente notre expérience en Provence.

En 2003, nous avons une trentaine d'AMAP, quand Daniel présente le concept à la dernière assemblée générale de l'Alliance PEC nationale à Paris. Cette année-là, la structure nous demande même d'accueillir et de former un stagiaire « AMAP ». Je mets à sa disposition toutes les informations, l'histoire et les outils qui vont lui permettre par la suite, d'aider à la création d'AMAP en région parisienne.

L'Alliance PEC, elle, s'est éteinte en 2004.

Alliance Provence structure de coordination

Dès mai 2001, nous créons Alliance Provence. Le siège social se trouve à Ollioules, aux Olivades, sur le lieu même de la première expérience en AMAP qui fonctionne déjà. Daniel est le Président d'Alliance Provence et je m'investis fortement au sein du bureau.

Cette réalité historique permet aux acteurs producteurs et consommateurs de garder la paternité de la création des AMAP en France. Aucune structure ne peut s'approprier ni l'origine, ni la philosophie, ni la mise en place du concept, ni en Provence ni ailleurs.

Les élus du Conseil Régional soutiennent l'initiative et la Région devient le partenaire financier de la structure. En 2002 nous comptons 15 AMAP.

La demande des consommateurs est de plus en plus forte, les producteurs sont intéressés et regroupés au sein de la Commission agricole d'Alliance Provence dont Daniel et moi sommes, de fait, les dévoués formateurs. L'axe professionnel est nouveau, il faut accompagner les producteurs un par un. La structure se charge de toute l'information sur le concept à partir des divers documents que nous lui fournissons. Elle coordonne les demandes, sensibilise, rassemble les bases de données et facilite l'aide à la création. Très vite, nous constatons, qu'une fois l'AMAP créée, la structure Alliance Provence a rempli sa mission. Elle laisse le projet aux mains des acteurs responsables de son fonctionnement.

Le dépôt du nom

En 2003, 35 AMAP existent et il nous semble utile, acteurs producteurs et consommateurs du bureau d'Alliance Provence, de déposer le nom « AMAP ». Mais ce qui a été moins judicieux, l'histoire le raconte, c'est de léguer ce nom à la structure qui depuis en est la propriétaire et la dépositaire. Daniel, Président, est le signataire du dépôt à l'INPI[11]. L'objectif de ce dépôt est de protéger le concept, de le rendre durable, d'éviter l'utilisation abusive du nom, les tromperies ou les contrefaçons qui nuiraient à la philosophie et à l'objectif principal, de maintenir l'agriculture paysanne. Chaque projet digne de porter le nom AMAP doit recevoir les bases nécessaires de fonctionnement mais aussi d'éthique et doit faire l'objet d'une visite de la ferme par un référent producteur expérimenté pouvant donner une appréciation professionnelle.

La charte des AMAP

Avec Daniel, nous ne sommes pas nombreux à porter le concept et notre expérience est la seule démonstration. De plus, nos décennies de métier et une bonne connaissance de l'AMAP nous permettent d'accompagner chaque projet. Devant l'importance des demandes, nous avons le souci d'éviter les mauvais démarrages et les échecs dus à la méconnaissance du concept. L'idée se précise d'une charte qui ferait référence aux valeurs de l'AMAP. Elle consignerait les principes de base et les engagements réciproques du partenariat sur chaque volet : économique, éthique, professionnel et social. Tout ce que nous abordons, intuitivement au cours de l'essaimage.

Localement, par le mode de transmission directe de l'expérience, nous n'avons pas besoin d'une charte, mais au cas où les AMAP se feraient seules, il faut leur donner un cadre de références. La charte ne doit pas remplacer la responsabilisation des acteurs locaux et le processus de transmission directe. Elle doit définir les règles fondamentales tout en sachant que nous avons besoin de plus de recul sur l'expérience et la pratique du concept. Tout est

[11] INPI : Institut National de la Propriété Industrielle.

nouveau, il serait arbitraire de figer dans la Charte des principes et des règles. Nous projetons de la réviser l'année suivante, mais cela ne se fera pas.

Les cinq premières AMAP ont un an quand le chantier « charte » est lancé en 2002. Le rédacteur, un membre du bureau d'Alliance Provence, nous soumet son travail sur le sujet, au demeurant ouvert à tous. Mais peu de gens participeront réellement à son élaboration. Daniel et moi proposons tout de même quelques points d'ordre professionnel.

J'amende le point n° 3 des principes généraux : l'engagement du producteur à ne pas utiliser d'engrais chimiques de synthèse, ni de pesticides. C'est une garantie sécurisante pour le consommateur sachant que l'absence de label n'entache aucunement la qualité sanitaire des productions. Le label AB (Agriculture Biologique) est obligatoire pour un produit commercialisé, mais le système AMAP n'étant pas une mise en marché, il n'y a pas besoin de label. L'engagement et la confiance responsabilisent les partenaires du projet sans recours aux contrôles imposés par la certification AB.

Daniel amende le point sur le volet économique et socio professionnel : ratio, nombre d'amapiens par travailleur pour une surface cultivée. Mais ses amendements ne seront pas repris dans la charte.

Nous sommes tous accaparés par les actions de terrain, nous faisons tous confiance au rédacteur pour le contenu de la charte. Elle est votée en assemblée générale d'Alliance Provence en mai 2003.

Avec le recul, les analyses et le bilan de fonctionnement du concept, il est maintenant facile de mettre en évidence un certain décalage entre le mode de création initial alors que la charte n'existait pas et l'application suivant la stricte interprétation de celle-ci.

Les points suivants sont des constats qui soulignent des incohérences et discréditent la charte dans son ensemble :

– La charte des acteurs des AMAP devient la « charte d'Alliance Provence ». Ce qui donnera à cette structure, le droit d'imposer son respect comme condition *sine qua non* pour s'appeler AMAP, et mettre toutes les AMAP sous sa tutelle.

– L'absence de définition du mot AMAP, dans la charte, sachant que nous avons donné la définition étymologique du mot association : « Association producteur consommateur, pour le Maintien de l'Agriculture Paysanne. »

– La philosophie générale de la charte définit l'AMAP comme une association de consommateurs et non comme un partenariat. En effet, la signature d'un contrat entre une personne morale et le producteur entache le partenariat.

– L'absence de référence à la dynamique professionnelle agricole et à la méthode d'essaimage dans le paragraphe « comment créer une AMAP ».

– La disparition du terme « partenariat » de la charte qui exclut donc la participation du producteur dans le montage du projet.

– L'absence du mot « confiance ».

– L'absence de « comité de pilotage », ce qui donne trop d'importance aux fonctions du bureau et du conseil d'administration au détriment du rôle des personnes-ressources, responsables du déroulement pratique de l'AMAP.

Les interprétations de la rédaction de la charte ont quelque peu modifié les bases initiales du partenariat producteur consommateur. Nous constatons ces dysfonctionnements et avons souvent été appelés pour « réparer » des erreurs de lancement d'AMAP avec ce type de « contrats ».

Cependant, pour Alliance Provence la charte est un moyen de s'approprier le concept et son développement à partir du paysage AMAP existant.

Le forum régional

Le premier événement officiel pour la reconnaissance de l'AMAP est organisé en octobre 2003. Les élus du Conseil Régional PACA nous invitent à présenter le concept au cours des « Rencontres Régionales pour le Maintien d'une Agriculture Paysanne ».

Pour l'anecdote, le Président de la Région dira, en ouvrant ce forum, que le phénomène AMAP était surprenant et que jamais un sujet public n'avait réussi à remplir l'hémicycle du Conseil Régional. Son soutien financier à Alliance Provence est conséquent. Ce qui, par la suite, fera l'objet de convoitises diverses et entraînera des conflits d'intérêts.

Les modifications statutaires d'Alliance Provence

Nous évoluons toujours dans la transmission du concept sur le terrain. Nous avons 40 AMAP et nous accompagnons les deux premières installations « jeunes agriculteurs ».

Nous ne sommes pas préoccupés par la gestion d'Alliance Provence, mais à partir de 2004, certains se chargent de proposer des orientations et des modifications de statuts dont nous ne partageons pas l'utilité. Nous nous projetons plus sur l'avenir de l'AMAP que sur celui d'Alliance Provence.

Il en est de même au plan national puisqu'à Lyon en 2005, avec les fondateurs d'AMAP de diverses régions de France, nous nous opposons au projet des trois réseaux régionaux réunis : Alliance Provence, Alliance Rhône Alpes et AMAP Ile de France. Nous n'acceptons pas la tutelle d'une nouvelle structure nationale comme celle qui naîtra quatre ans après, Miramap, Mouvement Inter Régional des AMAP.

Dans cette perspective, les acteurs et créateurs des AMAP ne retrouvent pas le sens profond, citoyen et solidaire, à l'origine de leur mobilisation. Côté producteurs, si la modification des statuts intervient, elle va déstabiliser la dynamique professionnelle mise en place avec méthode et efficacité. Avec la majorité du collège des producteurs et du collège des AMAP, nous refusons les orientations divergentes d'une partie des membres du conseil d'administration d'Alliance Provence. Nous voulons garder l'outil de coordination aux mains des acteurs fondateurs.

En 2007, alors que l'essaimage continue bon train, (on dénombre 110 AMAP) le fossé se creuse entre ce que nous vivons dans les AMAP et l'ambiance tendue au sein d'Alliance Provence. Tous les paysans essaimeurs à l'origine de l'AMAP, pourtant majoritaires à l'assemblée générale de 2007, quittent Alliance Provence. La structure que nous avions créée n'a gardé que la façade de l'édifice, elle a perdu sa substance et nous perdons les moyens officiels de valoriser cette nouvelle forme d'agriculture. *« A force d'encadrer, de prévoir, de signer et de contresigner une réalité si complexe fluctuante et humaine, on risque de la tuer »*, Michèle Salmona[12].

[12] Extrait d'une analyse de Michèle Salmona à lire en annexe p. 244.

Association loi 1901 et prise de décision en AMAP

Le monde associatif militant, en France, est un bon vivier de personnes-ressources. Il ouvre un champ d'actions sociales formidable grâce à la mobilisation citoyenne. Mais, dans un rapport de 1 producteur pour 40 consommateurs la formulation « association loi 1901 » n'est plus adaptée au partenariat et crée une confusion sur l'identification du concept.

En France comme aux Etats-Unis l'initiative vient le plus souvent de producteurs ayant associé leur projet à celui de leurs partenaires consommateurs. Dans le dernier livre d'Elizabeth Henderson[13], une étude de 1993 montre qu'aux Etats-Unis 79 % des CSA sont initiées par des producteurs, 6 % par producteurs et consommateurs ensemble et 5 % par des consommateurs seuls.

Il se trouve comme nous l'avons déjà souligné, qu'une certaine méprise sur le mot « association » dans l'acronyme AMAP : Association pour le Maintien de l'Agriculture Paysanne, nous oblige à rappeler le sens du premier A : Association producteur consommateurs.

En 2007, le réseau des AMAP Ile de France, sans concertation avec nous, envoie, en grande diffusion sur Internet le conseil suivant : *« Consommateurs, faites votre association, nous vous trouvons un producteur. »*

Ces conseils vont favoriser la mauvaise interprétation du mot association et donc du sigle en général. Malgré nos interventions et plusieurs mises au point avec Alliance Ile de France, devenue AMAP Ile de France, les informations vont se répandre sur la toile. Pour réagir à ce type de conseils qui peuvent compromettre l'avenir de l'AMAP nous nous mobilisons sur sa transmission. Seuls les acteurs fondateurs, producteurs et consommateurs porteront le concept à partir de leur propre expérience et des principes de bases du partenariat.

---

[13]Elizabeth Henderson, S*haring the harvest. A citizen's guide to community supported agriculture*, Chelsea Green Publishing.

L'AMAP des Olivades et l'association

Nos AMAP aux Olivades ont un an en octobre 2002 quand, quelques amapiens conseillés par des personnes extérieures à l'AMAP des Olivades, décident de se constituer en association loi 1901. Nous, producteurs initiateurs ne sommes pas invités à donner notre avis et sommes en retrait du projet.

En 2002, notre groupe de l'AMAP d'Aubagne, se déclare en association loi 1901 qui s'appelle l'AMAPA. Elle comprend un conseil d'administration statutaire et un conseil d'administration fondateur. L'objet de l'association est l'application de tous les principes de bases du concept. Pour le fonctionnement, les fondateurs rédigent la charte de l'AMAPA où tous les engagements respectifs sont consignés. Dès le début c'est le partenariat que nous formons qui gère cette association.

Aux AMAP des Olivades, personne ne ressentait a priori le besoin de donner un cadre administratif au fonctionnement et à nos engagements respectifs, mais l'association loi 1901 est constituée, un conseil d'administration est élu et une présidente est nommée.

L'association de l'AMAP les Olivades est silencieuse jusqu'en 2005, année où Alliance Provence fait pression sur notre bureau, au cours de réunions où nous ne sommes pas invités. Sentant venir le danger de déstabilisation je me rapproche de nos fidèles amapiens, et les invite à être présents à l'assemblée générale du 17 octobre 2005 pour nous soutenir.

Le bureau nous propose les nouvelles orientations : Daniel, doit se soumettre à un système de contrôle, signer un « contrat d'objectifs » et subir une évaluation professionnelle annuelle. Ces nouvelles mesures sont une ingérence dans le métier et tous nos vrais partenaires amapiens sont choqués. Daniel et moi, ce soir-là, envisageons de tout arrêter, quand le débat s'ouvre à la salle. Au moment de valider les rapports du conseil d'administration, un amapien s'adresse au bureau en ces termes : « *Nous votons votre rapport d'activité, nous votons votre rapport financier, mais nous ne votons pas vos orientations vis-à-vis des producteurs.* » La majorité de la salle acquiesce ses propos qui provoquent le départ et la démission de l'ensemble du bureau de l'association des Olivades. Nous remercions encore cette personne pour sa perspicacité. Quel soulagement, nous sommes rassurés, ces péripéties ont renforcé nos liens avec nos amapiens.

En réaction à ce qui vient de se passer, certains ont proposé de dissoudre l'association loi 1901 mais finalement, elle a été maintenue simplement pour ne pas perdre le fond des cotisations. Ce qui nous a permis de faire un grand repas pour le cinquième anniversaire de l'AMAP en 2006.

Que faut-il retenir de la formulation loi 1901 ?

De fait, un certain nombre de dérives me poussent à faire quelques recommandations :

– Une AMAP n'est pas une association de consommateurs mais l'association d'un producteur avec des consommateurs qui signent individuellement un seul contrat. Un exemplaire est remis au comité de pilotage ou association s'il y en a une.

– Le groupe de consommateurs n'a pas besoin d'une gestion administrative. L'important c'est le fonctionnement du partenariat.

– La formulation en association, loi 1901, a été pour les premières AMAP, le moyen d'obtenir un lieu de distribution des paniers, les communes ne prêtant qu'aux associations constituées. Le fonctionnement de l'alternative économique et sociale est de fait maintenant avéré. L'expansion du concept a fait ses preuves. La formulation loi 1901 ne doit pas être requise comme une condition *sine qua non* pour obtenir la mise à disposition d'un lieu de distribution de la part d'une mairie.

– Si une association de type, loi 1901, est incontournable, il faut, préalablement à sa constitution, poser les bases du partenariat AMAP.

– La constitution de l'association loi 1901 peut se réduire à un jeu d'écriture légale, déposée en préfecture.

– Les tâches administratives de l'association déclarée viennent de surcroît se rajouter aux implications bénévoles et indispensables strictement liées à l'AMAP comme les réunions, les renouvellements des inscriptions, la constitution des listes, pour l'émargement, la permanence, la diffusion de l'information etc.

– Le producteur doit être membre du bureau de l'association pour représenter la partie professionnelle du partenariat, au même titre que les consommateurs représentent le groupe.

– Toutes les décisions ne doivent pas être soumises à un vote car le rapport de force n'est pas démocratique : 1 producteur, 40 consommateurs ou plus.

– Si association il y a, les membres du bureau doivent éviter de mettre au vote des points comme la poursuite ou l'arrêt de l'AMAP. Le producteur en AMAP ne s'engageant pas vis-à-vis de l'association mais avec chaque amapien. C'est une décision individuelle et non unilatérale.

– Le droit exercé par l'association, entité juridique, pourrait s'opposer aux décisions du producteur et être ainsi en contradiction avec le fondement même du concept.

Dans les grandes villes, avec Daniel, nous sommes souvent appelés à être modérateurs pour des problèmes de relations qui compromettent gravement l'AMAP. Malgré nos interventions argumentées et appuyées par l'expérience, le vote en assemblée générale de l'association loi 1901 l'emporte sur la logique sociale et décide de l'issue du conflit souvent contre le producteur. La majorité des initiateurs en France a compris cette nuance. Producteurs et consommateurs partenaires sont ensemble responsables volontaires du projet.

Un autre exemple d'organisation

Nous avons parrainé Benjamin, jeune agriculteur, dans son installation. En nous accompagnant dans nos actions de « modérateurs », Benjamin découvre les conflits et les dégâts qui, parfois, polluent le fonctionnement d'une AMAP. Aussi, dès le départ de son projet, a-t-il cherché à s'installer dans un mode d'organisation respectant à la fois les individus, les exigences du métier et la finalité d'une association producteur-consommateurs. Voici le récit de son expérience :

« *Je m'appelle Benjamin, je suis producteur en AMAP depuis mai 2010. Vous n'imaginez pas le bonheur que j'ai d'en être arrivé là. Depuis tout petit, j'ai toujours voulu être agriculteur et repren-*

dre l'exploitation d'un fermier voisin de mes grands-parents chez qui je passais mes grandes vacances et pendant lesquelles je suivais ce paysan, faisant les foins, le bois, la traite des vaches.

Des odeurs, des pratiques, des moments privilégiés où l'on est seul avec la nature, il ne me reste que d'excellents souvenirs. Avec l'âge et la découverte de l'économie très instable de ce type de ferme (et de tout le domaine agricole de manière générale) je me suis vite rendu compte que ce rêve d'enfant n'était tout simplement pas réalisable, que ce soit dans cette ferme de production laitière où le litre de lait était fortement subventionné, dans les céréales ou dans d'autres filières agricoles. Quel dommage que des élans de vie soient stoppés par une réalité financière.

J'ai donc abandonné l'idée d'être paysan et me suis lancé dans des études d'ingénieur, même si parfois, pendant les cours, je m'évadais, l'idée de devenir un jour fermier me passant par la tête. Je me disais : « Allez, je travaille 10 ans, j'amasse de l'argent et m'installe plus tard. » En fin de troisième année en août 2007 je rencontre Daniel et Denise Vuillon et découvre un système économique : l'AMAP, viable pour le producteur, car prenant en compte les charges réelles de la ferme, respectueux du consommateur et prônant la qualité gustative des produits. Le point clé de ce système : le partenariat et donc les valeurs humaines.

Denise, Daniel et leurs tomates m'ont séduit. Agé de vingt-deux ans, la vie devant moi, j'ai arrêté mon école et j'ai su que je serais enfin paysan. En accord avec eux, je décide de passer un an aux Olivades pour apprendre le maraîchage. Cela m'a permis d'acquérir les bases du métier et de m'imprégner du concept des AMAP. Puis un petit séjour dans une ferme en pleine jungle au sud de Kajang en Malaisie, m'a permis de connaître des techniques de cultures sans machine et des techniques de compost ancestrales. De retour en France, j'entame la mise en place de la ferme.

Au cours de l'année chez Daniel et Denise, j'avais pu observer des dysfonctionnements dans certaines AMAP. Parfois c'était un groupe de consommateurs qui imposait des décisions dans d'autres cas c'était le paysan qui les prenait seul. Ceci arrivant lorsque les fondamentaux de l'AMAP n'étaient pas clairement posés dès le départ.

La notion de partenariat est fondamentale tout se construit à partir de cette notion : la confiance entre producteur et consom-

mateurs, les relations humaines, la transparence économique et la transparence du mode de production.

En allant plus loin, je me suis aperçu que ce qui posait problème c'était l'association de type loi 1901. Pourquoi créer une association ? Avec quelle intention ? J'ai été membre de plusieurs associations et j'ai observé qu'à chaque fois, indépendamment des activités exercées, un problème revenait souvent : la gouvernance ! En effet lorsqu'une décision est prise selon le modèle que l'on connaît, il y a toujours une majorité qui l'emporte sur une minorité alors que tous les membres font partie d'une même entité avec les mêmes aspirations. Comment se fait-il qu'après, un mois, deux mois, six mois, un an, des débats resurgissent sur des décisions prises et statuées auparavant. Souvent cela pénalise l'avancement de la structure et trop de temps est perdu à essayer de régler des conflits.

Avec mon père Bernard-Marie[14]*, expert en mode de « gouvernance », j'ai décidé d'expérimenter un nouveau système de prise de décisions allant dans le sens des fondamentaux des AMAP « l'équivalence ! ». C'est-à-dire la décision prise par l'ensemble des membres du cercle.*

Notre AMAP est un groupe de familles, chacune d'elle est liée au producteur, moi, par un contrat. Il n'y a là pas besoin d'association loi 1901. J'ai donc fait appel à des personnes motivées. Deux co-récoltants (terme qui désigne les partenaires consommateurs ou amapiens) ont souhaité s'impliquer dans le fonctionnement de l'AMAP. Le système fonctionne en « cercle » pour toutes les prises de décisions concernant l'AMAP : choix des légumes et fruits, prix du panier et rémunération du paysan, organisation de la distribution, suivi des consommations, label bio ou pas, atelier de ramassage, visites et pique-nique à la ferme, l'avenir de la ferme, les extensions du verger, etc.

Le « cercle » c'est l'unité dans la prise de décision : chacun des membres est là pour avancer vers nos objectifs communs. Un membre du cercle est « expert » pour apporter le poids professionnel et justifier la proposition faite par le producteur. Un tour de « clarification » est entamé. Chacun, avec un temps de parole bien défini, s'exprime, argumente, précise. Vient ensuite un tour de

[14] Bernard-Marie Chiquet www.integralgovernance.org

« réactions », chacun à son tour, par son vécu, son ressenti, dit ce qu'il pense de cette proposition. Chacun prend la responsabilité d'exprimer ses idées, ses opinions et les éventuels désaccords quant à la proposition du moment. Après plusieurs tours de parole, la proposition du producteur devient la proposition de tous. La décision est prise avec efficacité.

La notion de minorité, majorité, génératrice de divergence, n'existe plus. L'individualité et l'intégrité de chacun sont essentielles pour bonifier la proposition. Chacun bénéficie d'un temps de parole pour s'exprimer, chaque membre est inclus et écouté et fait partie intégrale du cercle. Ce fonctionnement vaut pour tous les points à l'ordre du jour. Je sors content de chaque réunion, heureux d'avoir pu partager l'organisation de mon travail avec mes co-récoltants.

Je nous félicite ! Expérience très satisfaisante pour moi. »

L'AMAP des Olivades aujourd'hui

Notre partenariat avec les pionniers de l'AMAPA (AMAP Aubagne) est historique. Nous avons partagé les émotions de la première AMAP. Leur mobilisation et leur façon de respecter les principes de bases du concept est exemplaire. Notre partenariat avec eux est très vite démonstratif. Il nous aide à construire le paysage du concept en France et nous l'avons témoigné d'innombrables fois à des milliers de personnes depuis 2001.

En 2009, alors que nous avons des consommateurs locaux, sur liste d'attente, qui pourraient composer un troisième groupe aux Olivades, et si l'on tient compte du déplacement à Aubagne (45 km), il serait cohérent d'arrêter la distribution hebdomadaire de l'AMAPA pour avoir nos trois groupes sur la ferme. Mais la décision n'est pas facile à prendre. Nous sommes sentimentalement attachés au symbole de la première AMAP. Nous n'arrêterons notre collaboration qu'à condition qu'un agriculteur nous remplace. Nos partenaires d'Aubagne l'ont trouvé, nous le connaissons, nous l'avons parrainé, ils peuvent être en confiance avec Christian, leur nouveau producteur d'Auriol, proche d'Aubagne. Pour nous remercier mutuellement, nous faisons une petite fête d'adieu en avril 2009 aux Olivades avec les quinze amapiens initiateurs et fidèles de la première AMAP.

Aux Olivades, dix ans après, sur les cent familles amapiennes d'octobre 2001 il en reste onze. Elles sont les piliers de l'AMAP, et certaines soutenaient la ferme et fréquentaient le point de vente avant que nous soyons partenaires. Comme avec l'AMAPA, les groupes des Olivades, ont partagé aussi les contraintes et toutes les incertitudes dues à l'innovation de ce type de fonctionnement. Leur soutien a aussi été déterminant pour asseoir la viabilité économique de l'expérience. Et comme ils sont toujours là, dans l'AMAP, ils sont les garants de sa durabilité. Chaque semaine et ce, depuis dix ans, nous pouvons témoigner de leur appui et de leur souci de maintenir l'ambiance sympathique et conviviale de la distribution.

Ainsi, nous pouvons remercier Colette Bagnères, Dominique et Didier Biau, Agnès Bordier et Fabrice, Chantal Devillers et Aimé, Claude et Pierre Dutertre, Valérie et Frank Farrugia, Jocelyne Luciani et Mario, Pascale et Philippe Olivero-Bailly, Roseline et Jean Noël Dauban Rodriguez, Valia et Bruno Santolini et Chantal Thillaye et Xavier. Nous ne manquons pas de remercier aussi toutes celles et ceux qui sont arrivés après 2001 et qui sont toujours là, et tous ceux qui ont fait un bout de chemin avec nous mais qui nous ont quittés pour toutes sortes de raisons que nous respectons.

L'association AMAP les Olivades, loi 1901 existe toujours. Le bureau comprend un coordinateur appartenant à chaque groupe de distribution. (Voir le prospectus en annexe page 238).

Je m'occupe à titre bénévole de la communication. Membre du bureau de l'association depuis 2008, je continue ce travail de lien entre chaque amapien et l'équipe de production du jardin. Sans cette communication, il n'y aurait plus d'AMAP ni d'amapiens.

Le blog[15] tenu par Pierre, un amapien, permet d'avoir accès à l'actualité hebdomadaire de l'AMAP. André Martin, responsable des cultures est aussi membre du bureau. Daniel gère la SCEA (Société Civile d'Exploitation Agricole) dont il est le gérant.

Aujourd'hui en 2011 avec nos trois AMAP sur la ferme, la SCEA les Olivades emploie quatre permanents et seulement un saisonnier en été. Nous n'avons plus de liste d'attente, la baisse du nombre d'abonnés à l'AMAP est d'ailleurs générale en France.

[15] Le Blog : lesolivades.over-blog.com

Aux Olivades nous avons de ce fait un salarié et un saisonnier de moins depuis 2009, ne faisant pas le plein de notre quota. Nous prenons des inscriptions en cours de saison pour atteindre 180 paniers, soit trois fois 60. Nous mobilisons régulièrement nos amapiens pour faire la promotion et atteindre ce seuil.

Concernant la viabilité économique de la ferme, le tableau de l'évolution du prix du panier de ces dix années en AMAP met en évidence la nécessité d'un mode de calcul correspondant à la prise en compte de la réalité des coûts et de la rémunération du travail (exploitant et salariés).

De 2001 à 2004, le prix du panier n'était pas encore calculé selon ce mode et la ferme n'était pas encore en 100 % AMAP.

Dès 2005, à partir du bilan prévisionnel, avec notre Centre de Gestion du Var, nous avons calculé le prix du panier sur ces bases comptables.

Seuls, le juste prix du panier (dont l'augmentation est justifiée par les coûts) et le fonctionnement en 100 % AMAP assurent vraiment la viabilité de la ferme.

Ainsi aux Olivades, la rémunération des travailleurs est assurée et les consommateurs se partagent la totalité de la récolte.

Tableau de l'évolution du prix du panier des Olivades

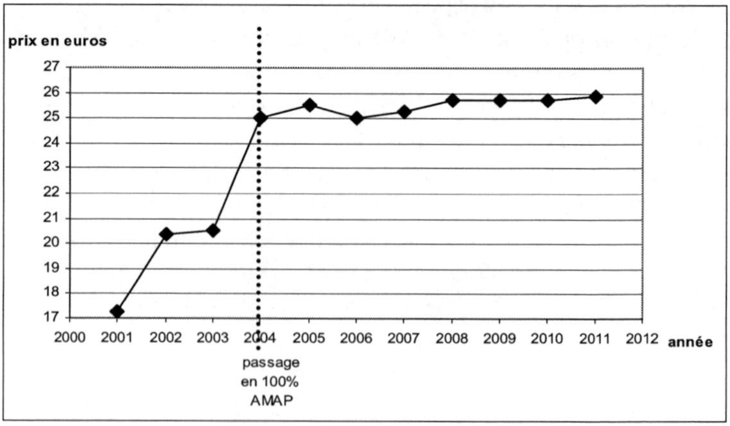

Amapiens des Olivades – septembre 2008 (Photo : Denise Vuillon)

L'ESSAIMAGE OU L'AIDE À LA CRÉATION D'AMAP

Présentation

L'essaimage, c'est l'aide à la mise en place de l'AMAP par la sensibilisation, le témoignage et l'accompagnement des personnes-ressources pionnières de la première AMAP dans leur région.

L'enjeu économique pour l'agriculture et les changements professionnels à apporter sont importants. Le paysan essaimeur prend en main le volet agricole avec au moins un mangeur responsable qui portera le projet et fera le lien avec le groupe de consommateurs.

L'objectif de l'essaimage est de définir les bases et les engagements de chacun des partenaires dès le début du projet. Le paysan essaimeur effectue une visite pour, selon la situation, les critères d'évaluation et d'expertise de la ferme, se prononcer sur la faisabilité du projet. L'AMAP est basée sur une stratégie commune dans un objectif commun et partagé. Pour le producteur c'est de l'ordre de la capacité à produire en toute transparence, et pour le consommateur, c'est l'engagement dans la confiance et dans le respect de la dignité humaine et l'acceptation des phénomènes naturels.

Quand les futurs acteurs locaux, consommateurs et producteurs, sont demandeurs et prêts à s'investir, sous les conseils de la structure de coordination, ils se mettent en lien avec les initiateurs des premières AMAP les plus proches. Ces producteurs et ces mangeurs sont tous bénévoles. Ils fonctionnent en « binôme essaimeur ». Ils se répartissent le travail d'information, de sensibilisation, de transmission, d'accompagnement et de suivi. L'essaimage est facilité par le regroupement en réseau d'acteurs locaux coordinateurs. CREAMAP France[16]les regroupent au niveau national.

La structure de coordination locale aide les acteurs essaimeurs qui restent cependant les maîtres de la transmission des bases fondamentales du concept.

---

[16] CREAMAP : Centre de Ressources pour l'Essaimage des AMAP en France.

Le paysan acteur du projet d'AMAP

Nous avons la responsabilité de la durabilité du concept. Nous avons tout intérêt à le réaliser, le réussir et le pérenniser, alors qu'autour de nous rien ne change dans l'économie de marché mondialisée.

Dans la phase initiale de la diffusion du concept et dans toute la France avec Daniel nous sommes intervenus auprès de tous les agriculteurs des premières AMAP.

Historiquement, la Provence est une zone d'activité agricole maraîchère et fruitière. La proximité des dernières fermes familiales, en ceinture verte des villes, facilite l'accès des amapiens sur le lieu de production et le lien nécessaire, entretenu par la distribution hebdomadaire. L'autre facteur favorisant l'AMAP, c'est l'insécurité alimentaire et le besoin de proximité, de se rapprocher du produit que l'on mange. L'AMAP permet de voir pousser ce qui va être dans l'assiette.

Les médias ont joué un grand rôle dans la diffusion du concept. Un des premiers amapiens des Olivades est journaliste à France 3, il filme la distribution pour les informations régionales. Son reportage sur le nouveau concept et sur notre expérience a un gros impact, et très vite, l'information fait boule de neige.

Des agriculteurs de Provence nous contactent par téléphone et veulent nous rencontrer. Les consommateurs intéressés par le concept et prêts à s'investir nous appellent aussi. Tous sont avides d'information. Nous les encourageons dans leur démarche sachant qu'ils seront la locomotive de leur projet et deviendront la référence locale.

Dès 2004, les structures de développement veulent s'immiscer dans la création d'AMAP. Nous ne sommes pas d'accord. Si l'essaimage se fait sans le paysan référent, nous craignons pour le concept. Nous, producteurs et consommateurs, nous nous sentons responsables de nos engagements professionnels et citoyens. Nous sommes dans la transmission directe. Pourquoi dépendre d'une énième structure de développement, quand, au sein même de notre propre structure de coordination, Alliance Provence nous avons eu tant de déboires. A l'origine et à notre initiative, la création d'Alliance Provence avait comme objectif la multiplication des AMAP et toutes les principales actions étaient concentrées sur la commission agricole de la structure. Il nous paraît donc légitime de vouloir garder cette mission aux mains des acteurs producteurs et consommateurs. Nous mettons ainsi, des noms et des visages derrière chaque essaimeur et derrière chaque projet. C'est alors que nous nommons le processus de transmission de l'AMAP : « essaimage », pour le distinguer d'un processus de développement par une structure.

Quand nous mettons en place notre AMAP, dans l'histoire des partenariats locaux producteurs-consommateurs du monde entier, c'est la démarche du consommateur qui a initié le concept. Notre méthode d'essaimage, et l'accompagnement par un producteur expérimenté sont un plus dans la réalisation de chaque projet. L'essaimage met en avant des éléments de viabilité économique de la ferme et, par conséquent, de durabilité du concept.

Avec Daniel, c'est en duo essaimeur que nous nous mobilisons et nous investissons pour transmettre notre expérience, comme seules les abeilles peuvent multiplier la ruche, avec les bases de création qui sont celles de l'accompagnement professionnel, aux côtés de citoyens en démarche de soutien économique et social. Le recul de trente années de métier de maraîchers est aussi une valeur ajoutée à l'expérience d'AMAP. Elle nous permet, de pratiquer une approche professionnelle dans une certaine crédibilité.

Mais, refaisons un court déroulé de l'histoire de la première AMAP. Lorsque nous présentons le concept à Aubagne, en 2001, nous mettons en avant l'AMAP comme une alternative économique et une solution transitoire aux graves problèmes qui nous préoccupent sur la ferme, et sur l'agriculture paysanne en général. D'emblée, le projet double les objectifs : maintenir l'agriculture paysanne et bien se nourrir. En pleine crise de la « vache folle », le thème de la soirée-débat est l'insécurité alimentaire. Les consommateurs ont compris le message de l'AMAP : agir en priorité et de surcroît sur la problématique agricole pour mieux satisfaire les desiderata de bien se nourrir. Après la présentation du concept, nous avons un formidable retour, et sommes touchés par l'élan de solidarité des consommateurs. C'est aussi une des raisons qui nous poussera à accompagner tous les autres projets. Des partenaires comme ceux d'Aubagne nous en rencontrerons encore beaucoup d'autres. Ils nous sollicitent, nous répondons à leur volonté de soutien inconditionnel et nous les accompagnons dans leur projet d'AMAP.

Le producteur s'implique souvent intensément dans le projet d'AMAP. Il va s'investir pour défendre son avenir professionnel, comme cela a été le cas pour nous aux Olivades. Aussi nous réfutons la mise en garde erronée selon laquelle une AMAP née à l'initiative du seul producteur serait un échec.

En Provence, et ensuite dans toute la France, toutes les premières AMAP sont ainsi nées de l'initiative et de l'action conjuguée des consommateurs et des premiers producteurs comme : Isabelle Bouvier avec Marcel Boulard et Raymond Gianati, Jean-Pierre Thimoléon, le berger local, Ghislaine et Jean-Pierre Phily avec Claire Aubert, Anne Grimault et le « comité d'initiative citoyenne » de Fayence, Benoît, Martine Hertz de Fontvieille avec Christophe Mouron et Pierre Doumenc, François Oulmont de Grasse avec Anne-Marie Borrits et Frédéric Stoll, Pierre Follet de Villleaure avec Isabelle Malgone et Jean-Paul Bourget, Jean-François et Nathalie Wasserman avec Christiane Fines et d'autres acteurs du Flayosquet, Claude Treton avec Jean-Claude Bodino, Valérie et Eric Madera avec Philippe Attia, Martine et Jacques Boufartigues de Hyères qui traversent Toulon pour s'associer à Mylène Volpi et d'autres personnes du Beausset, Marie-Christine Robette avec Geneviève Pessel, Geneviève Alberto avec Flora Boulay, Rose-Mary Rinaldo avec Simone Rinaudo, Jean-François et Jocelyne Faure avec leurs amapiens solidaires de Marseille, Jean-Louis Costa avec Frédérique Colin, Christian Brutinel, François Cambillard et bien d'autres producteurs et, pour chaque projet, un nombre plus ou moins important de consomm'acteurs qu'il serait trop long de citer.

Dans toute la France, à partir de 2003, nous répondons à la demande de producteurs dont l'AMAP servira de tremplin pour d'autres, comme celle d'Alain Chazerault et Vincent Favreau, agriculteurs près d'Angers auprès de Dominique Baudouin et Francine Freulon leurs amapiennes associées ; André et Angèle Roesch avec Samuel Thirion, Nicolas et Raphaël près de Strasbourg et Frédéric Schwab l'arboriculteur avec ses croqueurs de pommes pour le Haut-Rhin ; Vivien Lamouret et Freddy Letissier en Ile de France avec Brigitte Bonnefille ou encore Manu Vandamme avec la famille Salez et d'autres jeunes agriculteurs d'Île de France dont l'expérience n'a pas été concluante alors qu'ils étaient aidés par leurs dévoués consommateurs, Caroline et Nicolas ; la première AMAP de Corse de Virginie et Jean-Marie avec Sylvie, Ariane, Philippe etc. ; en Touraine avec Mathieu Dutertre et Mathilde et leur dévouée Dominique Cochard ; Cécile dans les deux Sèvres ; Odile en Haute Savoie avec Jacques Roura et Cathy Rémy ; Véronique la maraîchère et Grégory l'éleveur de porcs, de bovins et charcutier près de Dunkerque avec Sylvie Benoit-Chieux, Brigitte et Francis leurs consommateurs ; Sylvie et Daniel Boitelle avec Catherine Letzgus en Picardie...

Les producteurs de tous ces projets ont été accompagnés et visités sur leur lieu. Ils sont toujours en AMAP, ils en connaissent parfaitement les rouages et sont à même de s'impliquer encore plus, en cas de défaillance de leur comité. Le producteur doit pouvoir pallier occasionnellement la démobilisation ou la démission imprévisible voire involontaire de l'amapien coordinateur ou tuteur. Le risque de déroute de l'AMAP aurait des conséquences vitales pour le producteur et sa ferme.

L'essaimeur accompagne la construction de chaque projet sans jamais dissocier les deux piliers du concept : répondre à la demande du consommateur et maintenir de l'agriculteur paysan, par le soutien économique.

Le paysan essaimeur aide au calcul du prix du panier. Grâce au témoignage de sa propre expérience, il apporte la preuve que le partenariat avec ses consommateurs permet de maintenir son activité, de pérenniser et de créer des emplois.

Ses orientations avisées rassurent les futurs partenaires alors que tout est nouveau dans l'AMAP.

Avec le consommateur expérimenté, la phase d'intervention du paysan essaimeur devient incontournable.

Nous ne sommes pas nombreux, producteurs volontaires et bénévoles à pouvoir nous investir. L'agriculture paysanne n'est pas enseignée, et il n'y a pas de formation professionnelle spécifique à l'AMAP.

Les résultats de l'essaimage sont encourageants, les AMAP ainsi accompagnées sont viables et pérennes. Mais nos premières actions d'essaimage, sont si insolites et innovantes, tout comme le concept, que certains s'interrogent et nous demandent pourquoi nous faisons cela, pourquoi nous nous investissons de la sorte. Nous répondons que c'est un bonheur de pouvoir accompagner de si beaux projets, les retours sont si forts, les partenaires rayonnent et nous témoignent une telle reconnaissance. Il y a aussi la satisfaction d'avoir trouvé une solution certes transitoire, mais en attendant que le paysan puisse vivre de son métier, c'est un enjeu professionnel non négligeable qui nous stimule. Le concept a besoin de la mobilisation des deux partenaires. Ainsi, dès 2002, après une première année positive mais un résultat économique insuffisant, nous avons dû augmenter le nombre d'amapiens. Avec notre lettre expliquant la situation, une lettre d'une responsable de l'AMAP d'Aubagne invitait chacun à se responsabiliser et faire en sorte de remplir notre quota d'abonnés.

AMAP du Pays d'Aubagne
Lundi 18 mars 2002

« Amapiens, amapiennes, bonsoir

Nous vous devons de vous informer de la mise en place de la prochaine saison de paniers qui commence dans 2 semaines, et vous allez constater que nous allons avoir besoin de tous. Petit rappel : pour la saison d'été nous devons passer à 70 paniers.

Aujourd'hui, voilà où nous en sommes des inscriptions : 34 adhérents de la saison d'hiver se sont réinscrits, 3 adhérents ne renouvellent pas, 1 adhérent s'est inscrit pour continuer, mais n'a pas réglé, 13 adhérents n'ont donné aucune précision sur leur volonté. Par ailleurs il y a pour l'instant 15 nouvelles adhésions.

Donc il faudrait :

– Que ceux qui veulent renouveler leur adhésion le fassent et le plus tôt possible,

– Que tout le monde se mobilise pour trouver des nouveaux adhérents !

Nos deux jardiniers préférés, Denise et Daniel font aujourd'hui fonctionner leur exploitation uniquement par le système AMAP. Une vingtaine d'inscriptions non trouvées, cela signifie une vingtaine de paniers gaspillés (les plants d'été sont en route) et une perte de revenu non négligeable pour nos jardiniers. Alors trouvons vite ces nouveaux adhérents. Nous vous rappelons que les membres du bureau sont présents aux distributions pour prendre vos inscriptions (et vos chèques) et donner le maximum d'informations. Pour le bureau. La secrétaire, Nicole Bonopera. »

CREAMAP France

La mise en pratique de l'agriculture en AMAP, demande une réadaptation aux anciennes techniques culturales et aux vieux savoir-faire. En 2007 l'essaimage n'est plus regroupé au sein de la Commission Agricole d'Alliance Provence, nous continuons seuls alors que nous avons de plus en plus de contacts et de retombées de nos actions d'essaimage dans toute la France.

En juillet 2007, avec les acteurs locaux d'une quinzaine de régions visitées, nous fondons CREAMAP France[17], Centre de Ressources pour l'essaimage des AMAP en France.

C'est un moyen de nous identifier et de nous regrouper, consommateurs et agriculteurs à l'initiative de la première expérience d'AMAP, avec ce point commun à tous : préserver l'agriculture paysanne locale.

L'objectif :

Le Centre de Ressources pour l'Essaimage des AMAP transmet le concept selon les bases et les fondements des premières expériences d'AMAP.

Dans leur proximité géographique et au-delà, si l'occasion se présente, les acteurs de CREAMAP ont le souci permanent d'échanger sur l'évolution du concept à travers les exemples d'expériences douloureuses ou sur les bonnes actions porteuses de solutions. Nous analysons les paramètres de viabilité économique des AMAP et donnons notre avis sur ce qu'il est bon de reproduire ou ce qu'il faut éviter à partir des évaluations et des bilans. Nous mettons en évidence les éléments qui font la force du concept ou ses faiblesses pouvant mener à l'échec.

Le fonctionnement :

Officiellement, CREAMAP est une structure associative déclarée loi 1901 avec un bureau composé de producteurs et consommateurs à égalité. Nous n'avons pas de financement public, ce qui réduit le fonctionnement administratif de la structure. Pas

[17] http://www.amap-france.fr/

d'adhésions individuelles qui seraient ingérables sans un secrétariat pour assurer les convocations, la tenue d'assemblée générale et toute la logistique qui s'en suit.

Les moyens d'actions :

Les actions de CREAMAP sont possibles grâce aux personnes ressources de régions, qui s'investissent dans l'organisation de toutes ces rencontres (accueil et hébergement dans les fermes ou chez l'habitant consommateur ou fermier). Toutes les interventions d'essaimage sont prises en charge par les demandeurs, au niveau du remboursement des frais de déplacements. Les AMAP assurent le fond de trésorerie de CREAMAP grâce aux dons de soutien pour services rendus lors de nos interventions.

La méthode de transmission pour la création d'une AMAP

En préambule de chaque création, des consommateurs et producteurs expérimentés en AMAP, présentent le concept et témoignent.

Information, sensibilisation au partenariat

C'est la première étape. Quand les futurs acteurs sont identifiés, il faut réunir le maximum de consommateurs et inviter des producteurs locaux, pour la présentation du concept. Pour animer on utilise un support vidéo comme le *Diaporamap* ou un reportage ou un film. Il ne faut pas oublier d'aborder, l'origine, l'histoire des mères japonaises et de la première AMAP ainsi que la situation de l'agriculture, les avantages et les contraintes et rappeler le double objectif : maintenir l'agriculteur et bien se nourrir.

Dans chaque projet d'AMAP, à la mobilisation du consommateur s'ajoute l'intervention du paysan essaimeur.

Pour le producteur candidat, cette approche professionnelle va lui donner sa place d'acteur et son implication nécessaire dans le projet.

Les guides, les conseils sur Internet et les formations théoriques ne peuvent pas remplacer cette composante humaine, et cette réalité historique du développement des AMAP en France.

Il n'est pas question de retomber dans un schéma de diffusion pyramidale ou imposé ; le mode de transmission par l'approche professionnelle est horizontal et transversal.

Etat des lieux, expertise, validation de la ferme

Sous la responsabilité du paysan essaimeur, et sur le lieu des productions, c'est l'étape où le projet va se dessiner ou ne pas être validé. Le consommateur responsable est présent ; il a préalablement identifié un groupe sur lequel on pourra compter ; 5 à 10 personnes ont généralement suffi au démarrage du projet. Le producteur, lui, doit être candidat et demandeur. Il accepte d'être visité, d'ouvrir sa ferme et de mettre à plat sa situation.

L'expérience professionnelle et la pratique de l'AMAP permettent à l'essaimeur d'adapter son évaluation aux diverses configurations géographiques, sociales et économiques de la ferme.

La visite de ferme peut durer trois heures. C'est un état des lieux, une évaluation à partir des critères techniques, agronomiques, sociaux économiques et éthiques. Sur un questionnaire professionnel, le producteur référent recueille tous les éléments de la ferme qui vont lui permettre de se prononcer sur la faisabilité du projet, si le producteur candidat a les moyens humains et techniques, pour s'engager sur une production régulière et suffisante. La visite de ferme est le moment idéal pour faire naître la relation entre les futurs associés. Les éléments « clé » de l'expertise du paysan essaimeur seront consignés sur un compte rendu.

Cela commence par le tour du jardin. Le paysan essaimeur observe. Il est dans l'échange professionnel avec le futur producteur en AMAP. C'est, en général en hiver, période où nous faisons l'essaimage. Après la visite du jardin, on entre dans l'habitation pour remplir le questionnaire. On s'assoit toujours autour d'une table, symbole de ce qui rapproche les « mangeurs » de l'agriculteur nourricier.

On demande à nouveau à l'hôte s'il accepte de répondre au questionnaire professionnel. Ce n'est pas une étape facile ni confortable pour le paysan candidat. Ces questions peuvent paraître indiscrètes mais elles sont liées à l'activité professionnelle. Elles serviront exclusivement à l'analyse et l'évaluation de l'essaimeur pour se faire une idée la plus juste de la situation. L'objectif étant, à partir des données factuelles de la ferme, des éléments sociaux et de la situation économique, de pouvoir se prononcer in fine et planifier la suite des opérations habituelles pour se donner les chances de réussir le projet d'AMAP sur la ferme.

La fiche professionnelle

Rédigée par François Oulmont, de Grasse (06), producteur essaimeur en AMAP depuis 2002, elle comprend tous les volets de l'activité agricole :

– Le statut, socioprofessionnel, nom propre, associé.
– Juridique : son type de contrat, fermage, propriété.
– L'ancienneté de l'agriculteur.
– L'histoire de la ferme, son ancienneté.
– Superficie totale, surface cultivée.
– Type de terrain, nature des sols.
– Les cultures : quel type, diversité.
– Qu'est-ce qui est en culture ?
– L'eau : origine, stockage.
– Irrigation, équipements.
– Mode de culture : raisonnée, labellisée, depuis quand.
– Mode de commercialisation.
– Matériels agronomiques : tracteurs, équipements spécifiques
– Autres équipements : transport, local de stockage.
– Le personnel sur l'exploitation, nombre.
– Le conjoint, est-il présent sur la ferme.
– Si embauche de salarié : temps de travail, type de contrat.
– Est-il en recherche de main-d'œuvre ?
– Formation professionnelle de l'agriculteur, de ces aides.
– Besoins éventuels en formation : AB, agro écologie, bio-dynamie.
– Motivations personnelles pour être en AMAP, avez-vous assisté à une distribution d'AMAP ?
– Saison envisagée de production en AMAP, date prévisionnelle de démarrage.

– Avez-vous une idée du nombre de paniers que vous pouvez faire ?

Après avoir rempli la fiche professionnelle, le référent prend à témoin le consommateur présent. Il lui rappelle que ces éléments sont nécessaires pour évaluer la situation et mettre en face le dispositif de confiance et de soutien, mais cela doit rester confidentiel.

Quand il s'agit d'un couple de fermier, la présence des deux est indispensable. Ainsi ils seront deux, à s'exprimer et à ressentir le bon retour en termes de soutien des consommateurs.

Au cours de l'entretien, le paysan essaimeur met en valeur la démarche solidaire du consommateur qui va permettre à cette ancienne ferme maraîchère de se refaire une santé économique et morale. En même temps, il valorise le travail du producteur aux yeux du consommateur responsable du projet.

Il fait remarquer que, si la ferme a des difficultés, il ne s'agit en général pas d'un manque de professionnalisme, ni de faute professionnelle mais d'un contexte global et économique, où les petits agriculteurs n'ont plus leur place. L'AMAP est une stratégie à mettre en place grâce à la complémentarité de leurs engagements respectifs.

Selon ce mode d'essaimage, le pourcentage d'échec est quasiment nul. Au cours de la visite, on se situe d'emblée dans une perspective de fonctionnement en AMAP, partant du principe qu'un producteur demandeur est potentiellement apte à entrer en AMAP.

Quels sont les autres thèmes abordés au cours de cette visite ?

L'éthique des pratiques en AMAP

En France, l'agriculture biologique ne représente que 2 % des surfaces cultivées.

Les petits agriculteurs en zone périurbaine, eux, représentent 47 % des paysans français au recensement agricole de 2000.

C'est pourquoi, devant la forte demande et la motivation des consommateurs, nous faisons le pari de réussir la conversion des maraîchers conventionnels à des pratiques saines.

– Si le paysan est déjà certifié AB, comme ils le sont pour 60 % d'entre eux, avant d'être en AMAP, l'approche particulière sur le sujet n'est pas nécessaire.

– Quand les pratiques relèvent de l'agro biologie, si les données de l'évaluation, le questionnaire et l'observation sont favorables, le projet sera validé dans la confiance, sans certification.

Lorsque la création d'AMAP n'est pas accompagnée par un paysan essaimeur, il arrive que les consommateurs, sur les conseils d'une structure, se focalisent sur la demande de certification AB du producteur. Il s'ensuit donc une obligation d'attendre 3 années de conversion avant d'être labellisé. Tout le projet est suspendu à cette formalité technique. Les consommateurs n'ont pas la sensibilisation ni la bonne information sur la création d'AMAP et le projet peut échouer, alors qu'il y a urgence à soutenir le paysan.

C'est un constat : en proximité, en toute transparence, un producteur peut changer de pratique, sans être soumis au cahier des charges et à l'obtention de l'agrément AB. L'agrobiologie est répandue dans le monde entier et beaucoup de pays n'ont pas de label. Au Japon, tous les maraîchers en Teikei sont considérés comme agriculteurs biologiques.

La marque AB est nécessaire pour apporter la traçabilité et la garantie d'une agriculture biologique, pour des produits mis en marché et commercialisés à distance.

En France, la marque AB étant déposée, quand on n'utilise ni engrais chimiques, ni pesticides ni herbicides sans avoir la certification, on dit : pratiquer une agriculture saine.

Quand l'agriculteur est conventionnel, au cours de la visite, le producteur référent envisage la possibilité du changement des pratiques comme un objectif à atteindre. Nous avons exclu de mettre en avant l'agriculture biologique sous l'angle technique avec l'objectif certification AB au bout de la démarche. Je pense d'ailleurs que nous n'aurions pas accompagné autant d'agriculteurs et que beaucoup ne nous auraient pas ouvert leur ferme si nous avions intégré cette condition dans le processus. Le sujet de l'utilisation des intrants chimiques, des pesticides et des herbicides est très délicat ; nous l'abordons dans le relationnel et avec le plus grand respect de la personne. Sans culpabiliser l'agriculteur conventionnel, qui, de plus, éprouve une certaine appréhension quant aux résultats de l'agriculture biologique, à la question sur le sujet : « êtes-vous en agriculture biologique ? » le producteur répond souvent : *« Je n'y crois pas, ça ne marche pas, ce n'est pas possible de produire sans herbicide ni pesticide.* » Cette réaction est logique, dans la mesure où, depuis des décennies, les conseillers et les techniciens du développement de l'agriculture, dite conventionnelle, au plan national et européen, lui vantent les mérites de la chimie de synthèse et lui vendent les produits. De plus l'agriculture biologique n'est pas enseignée dans tous les lycées agricoles, loin de là, cela viendra nécessairement.

Au cours de la visite, sans porter de jugement sur ses pratiques, nous rappelons au producteur, le besoin du consommateur, de savoir d'où vient le produit et sa recherche d'une qualité sanitaire des aliments.

Pour les consommateurs, il n'est pas facile d'avoir les informations sur l'agriculture conventionnelle ou raisonnée, sur les différences entre les cahiers des charges de l'agriculture biologique française et ceux de l'agriculture biologique européenne. Le bio délocalisé ne prend pas en compte le bilan carbone du transport en camion. Ainsi, pour respecter une certaine éthique, et la santé de la planète, pour le consommateur, il vaut mieux consommer du bio local sans label que des produits bio labellisés qui font des milliers de kilomètres pour arriver dans son assiette.

Le bilan des créations d'AMAP a été positif dans le domaine de l'éthique. Il a montré une disposition favorable de la part des producteurs, à la pratique culturale sans pesticides, ni herbicides.

Un contrôle de la DDPP[18] aux Olivades en 2010 et le rapport qui a suivi ont montré que nos pratiques étaient respectueuses des règles en vigueur (voir compte rendu de la visite de la DDPP en annexe p. 249).

Il se trouve aussi que certains paysans ont de vieux souvenirs des pratiques naturelles de leur père avant que la chimie entre dans les fermes.

L'essaimage c'est aussi aller chercher dans les campagnes les derniers savoir-faire paysans avant qu'il ne soit trop tard.

L'AMAP regroupe les agriculteurs dans la transmission et la transversalité. Nouveaux et anciens, bio, certifiés ou pas, ils sont avant tout, paysans et cet état d'esprit, cette synergie, est une véritable école de formation à l'agriculture saine.

---

[18] DDPP : Direction Départementale pour la Protection des Populations

L'engagement solidaire social et économique

Vu l'enjeu du maintien de l'agriculteur, la base « d'économique solidaire » reste le pivot central autour duquel le concept s'articule. L'essaimeur définit les engagements de chacun des partenaires. Le meilleur support de présentation de ces volets est le témoignage de sa propre expérience d'AMAP.

Il valorise aussi la démarche de ses propres partenaires consommateurs. Il démontre ainsi la valeur stratégique du concept, pour améliorer la situation économique, morale, et la qualité de vie de l'agriculteur. Le paysan essaimeur sert de passerelle pour aller de la valorisation des consommateurs vers la valorisation du futur producteur et vice-versa.

L'autre support est la responsabilisation des futurs acteurs du projet. C'est pourquoi, dans le processus d'essaimage, il n'y a pas de référence à aucun « modèle » pour la mise en relation directe et construire le projet.

Pour susciter le sens de la démarche de solidarité, le producteur qui parraine fait part du constat d'échec de tous les créneaux commerciaux pratiqués par les producteurs. Il ressort que la vente directe reste le meilleur débouché des petits paysans et des agriculteurs biologiques, parce qu'ils sont peu nombreux pour une demande importante. Cependant, dans l'évolution générale de l'agriculture, la vente directe n'a pas empêché la disparition des paysans.

Si nous avions pu rentabiliser nos fermes dans les circuits de commercialisation dits « circuits courts », nous n'aurions pas eu besoin d'une alternative économique comme l'AMAP.

Pendant la sensibilisation au nouveau producteur, l'agriculture biologique est abordée sous l'angle plus social que technique. Ce sont les composantes humaines du partenariat, la solidarité, la confiance, qui vont motiver le producteur. Il va s'allier à des consommateurs qui ne le connaissent pas encore mais qui vont cependant s'engager financièrement à l'avance ; en contrepartie, et comme pour les remercier, il entre tout naturellement dans une démarche de conversion des pratiques. Dans ce processus d'essaimage, et, dans la majorité des cas, les partenaires consommateurs ne posent pas la condition de garantie, de label, et encore moins de contrôles de leur paysan. Et dans la majorité des cas, le producteur a accepté la conversion et fait de son mieux pour satisfaire ses amapiens mais aussi pour s'épanouir dans son métier.

Dans une telle relation directe, le changement des pratiques s'est opéré dès la première saison d'AMAP.

Ramassage des pommes de terre
(Photo d'André Martin)

Les consommateurs ont compris la difficulté de l'agriculture biologique et paysanne et la nécessité de participer aux divers coups de mains ponctuels que le producteur organisera. Ils vont se responsabiliser, ils sont volontaires.

Malgré la pénibilité de certains ateliers, ils aident au ramassage des fraises, et au désherbage manuel.

Nadine s'exprime *: « Si nous, consommateurs, voulons continuer à manger des produits sains, il faut nous mobiliser ! Et puis se casser le dos ensemble, ça crée des liens ! »* Sourit cette institutrice de 52 ans.

Ramassage de fraises
(Photo de Pascal NK1/fokus21.org)

Le prix du panier

Nous avons vu que le prix à payer en AMAP était le prix qu'il fallait pour garder un paysan proche de chez soi.

L'AMAP permet le renouveau et la pratique d'une agriculture ancienne mais ce qui est innovant, c'est la façon inhabituelle et moins commerciale de s'approvisionner et, pour le producteur, enfin une opportunité de voir son travail justement rémunéré. D'où l'intérêt de démarrer le projet d'AMAP sur des bases d'alternative économique.

Mais le juste prix, est-il accessible à tous ?

Quand on compare la rémunération du paysan en AMAP dans l'environnement, il ne faut pas oublier que :

– 40 % des agriculteurs aujourd'hui en France gagnent moins que le SMIC.

– 40 % de la clientèle des « discounts », appelés aussi l'épicerie des pauvres, est constituée de cadres donc de classes moyennes.

Ces chiffres nous donnent une information importante : la population des petits agriculteurs est la plus pauvre sur la planète.

Ils nous posent aussi ce questionnement : quelle part de budget chacun décide-t-il de mettre dans son alimentation ? (même si c'est un choix personnel)

Au sortir de la guerre dans les années cinquante, la part du budget des ménages consacrée à l'alimentation était de 45 %. Aujourd'hui, elle est de 12 %.

Les choix et les priorités sont personnels : quelle part de budget pour la voiture (17 % aujourd'hui !), pour l'habitation, pour les loisirs, pour la communication (en particulier les portables), pour l'école, l'éducation, la culture, etc. Et quelle part pour la nourriture ?

Nous observons dans les AMAP des familles de revenus très différents, de modestes à plus aisées. Pour beaucoup le budget consacré à l'alimentation est supérieur à 12 %.

Mais beaucoup nous disent avoir complètement changé leur mode de consommation alimentaire. Ils achètent moins dans les grandes surfaces et sont moins tentés d'acheter inutilement. On constate une moindre consommation de viande mais une consommation de viande de meilleure qualité. Cette réflexion motive le mangeur.

L'engagement en AMAP est un choix.

Pour expliquer le prix du panier, il faut apporter les informations sur les différents types de cultures.

La communication, la proximité, la présence des amapiens sur le terrain et la transparence sur le calcul du prix du panier permettent de le comprendre.

Les coûts de nos productions selon une méthode plus naturelle, moins mécanisée, ne sont pas comparables avec ceux des productions industrielles, hors sol et subventionnées ou délocalisées, pour arriver à un prix très bas au consommateur. On peut considérer que ce n’est pas le même produit. Comparer une tomate industrielle avec une variété ancienne de pleine terre, une côte de porc élevé sur caillebotis à celle d’un cochon qui court, un poulet de 30 jours avec un poulet qui picore dehors pendant 120 jours etc.

Sans parler du cauchemar de réussir à produire des carottes sans intrants chimiques alors qu’il est si facile de le faire en mode agro-industriel avec du désherbant chimique !

On voit bien qu'il faut remettre en cause la qualité de l'alimentation pour accéder à une bonne nourriture.

La pauvreté n'est pas forcément visible à la campagne, pourtant, nous constatons que la plupart des producteurs visités sont sur le point d'arrêter l'activité faute de viabilité économique.

En effet pour certains, le concept arrive un peu tard ; ils ont malheureusement trop souffert, et sont marqués par toutes ces difficultés. L'important pour nous, essaimeurs, c'est de proposer une solution alternative pour sauver chaque ferme. En présence du « comité de pilotage » responsable du groupe et du projet, nous abordons très vite le calcul du prix du panier.

Nous expliquons aux consommateurs, qu’il n'est jamais arbitraire, qu'il est basé sur le coût des productions, les charges et la rémunération du producteur. Seul leur engagement sur le contrat va garantir le maintien de l’activité.

Il est certain que sans le parrainage de l'essaimeur, le paysan candidat aborde difficilement, de lui-même, l'estimation du juste prix. Pour lui, le mode de calcul est inhabituel, il n'a jamais été maître du prix de vente de ses produits. De plus, psychologiquement, le producteur n'est pas dans un rapport favorable. De leur côté, les consommateurs, bien que solidaires, n'ont pas les éléments professionnels, ni comptables pour proposer un prix de panier. Des précisions, sur l'économie de marché mondialisée et sur l’évolution de l'agriculture locale, sont sans cesse à mettre en évidence.

Après avoir précisé le nombre de familles nécessaires pour un travailleur, le paysan accompagnateur évoque le prix du panier en précisant que les futurs amapiens ne vont pas s'engager sur un poids du panier mais ils vont s'engager sur une production. Contrairement à la vente où nos prix étaient basés sur le cours des mercuriales des marchés de gros, le prix du panier en AMAP est égal à l’addition de tous les coûts, rémunération du paysan comprise divisée par le nombre de parts ou paniers nécessaires.

De nombreuses AMAP, une fois la bonne relation établie, voient s'investir des amapiens, comptables ou gestionnaires de métier, qui apportent leur aide au bon calcul du prix du panier. Ce mode de calcul n'était pas opérationnel dans les centres de gestion. Aux Olivades et avec notre Centre d'Economie Rurale du Var nous avons innové sur ce point. La gestion comptable faisant aussi partie du travail du paysan, les agriculteurs intègrent rapidement les divers éléments de comptabilité du budget prévisionnel en AMAP.

Par souci de l'éthique sociale, lors du bilan de la première saison, les amapiens demandent à leur producteur quelle a été sa rémunération. En général la réponse est : « *Je ne peux pas encore sortir un revenu* » ou bien : « *500 €* ou *un petit SMIC.* » Dans le cas, du réajustement du prix du panier, souvent, l'augmentation est si importante qu'elle ne va pas être acceptée sans grincements de dents par tous les consommateurs. Il faut alors justifier et remettre à plat les comptes. Dans la deuxième année, l'augmentation du prix du panier pour la rémunération du producteur qui, jusque-là, était dérisoire, est proposée et en général acceptée par le comité de l'AMAP.

On ne peut pas en dire autant des AMAP de moins en moins bien accompagnées à leur création. Dans le contexte de déprise agricole, il est paradoxal d'avoir une telle disparité de prix de panier dans le paysage, pour la pratique du même métier. Cela pose la question de la méthode de transmission de l'AMAP.

Il faut garder l'objectif d'une AMAP viable pour le producteur.

Quand l'AMAP aboutit au juste prix rémunérateur, c'est ce que nous appelons des « vraies AMAP » pour les différencier des systèmes de « paniers » qui se multiplient mais, apportent-ils la garantie de la rémunération du producteur ? Dans cet extrait de la lettre N° 33 de juin 2008, Marc, Prietto, maraîcher en AMAP à Porto Vecchio (Corse) s'exprime sur le prix du panier :

« *Pas chers, bien sûr. Et pour cause !*

Le SMAG (salaire minimum agricole) au Maroc est de 6 euros pour 8 heures de travail, voire de 5 euros pour 12 heures (sources chambre d'agriculture de Marrakech).

Sur mon exploitation spécialisée en légumes, le salaire de base pour un ouvrier, compétent ou non, est de 12 euros de l'heure, charges patronales comprises.

Le coût d'une journée de 8 heures (96 euros) chez nous, équivaut à seize journées de travail effectives pour un salarié agricole au Maroc ! Cet exemple rapide, et peu approfondi, montre aisément le décalage de prix qu'il peut y avoir entre les prix des grandes surfaces et les prix du panier. Car il est clair que si certains d'entre nous sont encore présents sur les gondoles des « hydres » de la distribution – et s'alignent sur les prix des produits d'importations qui sont la règle – c'est au prix d'une gymnastique socio-technico-économique où l'agronomie et la taille humaine de l'entreprise cèdent la place à la chimie, à l'optimisation de la production et de ses coûts, du hors-sol sous serre jusqu'à la délocalisation pure et simple de l'entreprise agricole sous d'autres cieux. Et pour revenir au Maroc, les entreprises agricoles délocalisées que j'ai pu visiter font peu de cas du devenir des sols – nourriciers – qu'elles mettent en cultures. Ainsi, en cas de problème sanitaire irréversible pour le sol, la terre sera abandonnée. Une autre louée et remise en culture et ainsi de suite.

Tant qu'il y aura de la terre des affaires seront à faire pour inonder les marchés solvables de l'Europe du Nord. Merci donc de ne pas nous comparer à l'incomparable.

Luttez à nos côtés !

Marc et Laetitia »«

Le choix du 100 % AMAP ou « tout AMAP »

Tous les circuits commerciaux sont précaires et fragilisés par le fait que 90 % des consommateurs s'approvisionnent dans la grande distribution. Excepté quelques rares cas de points de vente directe ou de marchés de rue très fréquentés, dans des lieux où il n'y a pas de grande surface, les producteurs sont obligés de rechercher d'autres débouchés.

Historiquement, depuis 2001, les premiers maraîchers en AMAP, ont abandonné tout système commercial et opté pour le 100 % en AMAP. Ils ont choisi d'écouler toute la production, en exclusivité auprès de leurs amapiens. Ce qui favorise une meilleure organisation du travail, facilite le calcul du prix du panier, la solidarité, le partage des aléas mais aussi le partage des surproductions et de l'abondance.

Or, on observe de plus en plus un phénomène de dérive de l'alternative économique, comme une régression économique et sociale. On voit de nos jours, une structure auto proclamée développeuse d'AMAP qui n'a pas de référent paysan et qui demande aux nouveaux groupes de consommateurs de faire le prix du panier qu'ils vont proposer au producteur candidat à l'AMAP. En général, cela ne dépasse pas les 12 €, pour un petit panier. Le producteur trouve que ce n'est pas suffisant pour en vivre. La structure lui conseille donc d'écouler son surplus de production sur le marché de rue ou en vente directe. Pour équilibrer ses entrées d'argent, le producteur accepte et retourne dans l'incertitude de la vente basée sur le cours du marché, la concurrence, les aléas du temps, la très grande pénibilité des matins froids, dehors, sur le marché de « plein-vent ». Nous sommes loin de l'alternative économique pour le maintien de l'agriculture paysanne.

L'essaimeur se doit d'expliquer la quantité et le volume qui, dans la majorité des AMAP, convient à 2 adultes et 2 enfants. Ce ratio, qui est une contrainte pour les personnes seules, n'est pas arbitraire. En maraîchage, c'est une « unité de panier » moyenne. C'est le rapport entre le potentiel humain, appelé « unité de travail » et le besoin de trésorerie nécessaire et suffisante pour vivre de son travail sur une surface donnée de production.

Quand il est 100 % en AMAP un agriculteur a la capacité physique de cultiver pour 40 familles. Ces 40 parts sont la quantité nécessaire pour rémunérer son travail et assurer la viabilité économique de la ferme. En dessous de ce quota, la trésorerie sera insuffisante. Il est quelque fois conseillé de commencer, la première année, avec moins de paniers. Mais, dès que la capacité de produire a fait ses preuves, il faut aller vers l'équilibre financier et donc 40 parts par unité de travail.

Au-delà de 40 paniers, quand l'AMAP est importante, comme aux Olivades par exemple, où le potentiel est de 60 familles pour chaque distribution, il n'est pas possible de faire des demi-paniers. Les consommateurs prennent à leur compte la gestion d'un demi-panier avec leur « co-panier » ce qui ne change pas notre organisation du partage de la récolte basée sur une seule unité.

Si le producteur se voit imposer un petit panier avec moins de produits, il est obligé de prendre deux fois plus de familles pour atteindre l'équilibre financier. Il doit aussi faire deux fois plus de « parts » donc beaucoup plus de travail. De plus, il n'est pas facile de faire des demi-paniers qui soient vraiment la moitié de l'unité, c'est-à-dire du panier entier. En saison de faible production, en fin d'hiver par exemple, la « part de récolte » n'est pas toujours divisible par deux.

Le 100 % en AMAP permet d'inclure la rémunération du travail. Cet élément entre dans le montage des études prévisionnelles d'installation des jeunes agriculteurs ou de reprise des fermes par les enfants, au même titre que n'importe quel projet d'entreprise.

L'avis du paysan essaimeur

C'est une phase importante de la méthode d'essaimage. Le référent paysan fait le compte rendu de visite de la ferme, qu'il remet au producteur et au référent consommateur qui était présent.

Les éléments d'éthique économique et sociale nécessaires à la réussite de l'AMAP sont consignés sur le compte rendu.

Quand le producteur visité n'a pas la surface suffisante, manque de formation, manque de motivation, dans ce cas, l'essaimeur conseille les consommateurs et le producteur sur les éléments à apporter pour pouvoir représenter sa candidature : emplacement géographique, formation, surface minimum, ratios économiques, etc.

Il peut aussi se prononcer « contre » la création de l'AMAP, quand se profilent des petits signes de tromperies de la part du producteur qui feraient craindre la dérive malsaine. Ceci est un scénario envisageable mais aucun exemple vécu n'a été signalé.

Quand la visite et la mise à plat de la situation permettent d'envisager le lancement du projet, le compte rendu comporte les potentialités, la situation, les avantages de l'engagement, le soutien des partenaires et les objectifs à terme. L'essaimeur invite le nouveau producteur à entrer dans la dynamique professionnelle des producteurs en AMAP qui va lui assurer un accompagnement pour ce type d'agriculture. Ce parrainage rassure les consommateurs et les responsabilise dans l'avancement du projet.

Tout ce qui a été dit dans la confidence le restera et ne sera pas mentionné sur le compte rendu.

Pour élargir la sensibilisation aux futurs amapiens, l'essaimeur précise l'importance de réunir tous les consommateurs de la future AMAP à la ferme, au cours d'un « pique-nique » et avant qu'ils ne s'engagent dans le concept.

Le comité de pilotage et tous les amapiens sont égaux devant l'engagement financier, ils doivent tous avoir le maximum d'informations. Ceux qui ont assisté à la visite doivent sensibiliser le groupe au soutien économique. Faire prendre conscience que le projet contribue au « sauvetage de la ferme ».

Chacun doit connaître son « fermier de famille », (nom donné au paysan en ASC au Québec) le jardin, ses productions et comment elles sont cultivées. Connaître tous les avantages mais aussi toutes les contraintes de l'AMAP.

Le compte rendu met en avant la responsabilisation et la mobilisation des futurs amapiens. Il n'y a pas d'intermédiaire entre eux, c'est leur projet et l'AMAP ne pourra pas fonctionner sans eux.

Grâce à la visite de la ferme où il est présent, et au compte rendu du paysan essaimeur, le coordinateur présumé peut comprendre le monde paysan et le contexte global : insécurité alimentaire d'un côté et disparition des petits agriculteurs de l'autre. Il y a un enjeu à partager. Le coordinateur du groupe va entretenir le lien, la solidarité et assurer le fonctionnement des distributions.

La plupart de ces visites ont un dénouement heureux et aboutissent à la naissance d'une AMAP pérenne.

Les outils et les documents distribués

Comme on peut le constater, dans le déroulement de l'aide à la création d'AMAP, la distribution des outils de fonctionnement arrive après diverses étapes qui abordent la pratique de l'AMAP plus sous l'aspect humain que technique.

En l'absence de structure de coordination, le référent consommateur d'une AMAP la plus proche aura lui aussi fait un accompagnement du futur « comité de pilotage ». Il lui apporte l'aide logistique. Il distribue les trames des documents indispensables au montage du projet, à l'organisation et au fonctionnement. Ce sont souvent les modèles de sa propre AMAP qui seront reproduits et adaptés à la future AMAP. (Voir en annexe rôle du comité de pilotage p.228).

Quand l'avis du paysan essaimeur s'est avéré favorable, c'est le moment de passer à la pratique et de distribuer au producteur, les outils et les référentiels spécifiques à l'agriculture en AMAP. Ce ne sont pas toujours des documents officiels, les essaimeurs les élaborent toujours au cas par cas avec chaque producteur.

Les fiches remises au producteur (en annexe p. 227, 231 et 224)

– Les calendriers de production à remettre aux consommateurs avec le contrat.

– Les ratios de production, combien de semences, de plants, de tubercule par famille ou « part ».

– Un modèle de contrat.

Tous à la ferme : le PIQUE-NIQUE

Le producteur se présente à tous, et raconte son parcours et l'histoire du lieu si c'est une ferme.

La visite du jardin, est l'élément le plus important de la journée ; Les futurs amapiens vont entrer dans le concret de l'AMAP et de l'objet de leur engagement. Ils vont visualiser ce qu'ils vont avoir dans leur panier, le stade des cultures…

Le producteur leur propose le prix du panier, calculé préalablement avec l'aide du paysan essaimeur et le comité de pilotage à partir de l'exemple des Olivades. (Voir annexe : tableau de la répartition des charges dans le prix du panier pour la SCEA Les Olivades p. 233).

Ensemble, le producteur candidat et ses futurs partenaires iront aussi visiter une AMAP proche pour assister au déroulement pratique d'une distribution.

A l'issue de cette journée les amapiens ont tous les éléments pour finaliser leur engagement et remplir le contrat préalablement élaboré en commun sans oublier de rédiger dès que possible l'indispensable livret de présentation et de promotion de la toute nouvelle AMAP qui va servir en permanence à l'information et qui doit toujours se trouver à disposition des amapiens. (Voir prospectus de l'AMAP des Olivades en annexe p. 234)

L'accompagnement à l'installation

Il est hasardeux d'orienter des jeunes agriculteurs en projet d'installation en AMAP sans cet accompagnement encore méconnu de l'enseignement agricole. Il y a une forte demande des jeunes agriculteurs à s'installer en maraîchage.

C'est un renouveau professionnel si encourageant que, dans notre réseau de producteur en AMAP, nous acceptons tous de prendre en stage, voire de salarier, les nouveaux jeunes maraîchers en AMAP. Ce que nous ne faisions plus ; nous ne prenions plus d'apprentis en maraîchage, tellement la situation économique ne permettait plus de vivre de la filière maraîchère. Avec la perspective d'AMAP, c'est une moyenne de trois projets par an que nous accompagnons par la formation aux Olivades ou ailleurs. Cette dynamique d'accompagnement et de formation commence à se pratiquer, dans diverses régions de France du fait de l'augmentation des demandes d'inscriptions des jeunes dans la filière et la demande croissante de consommation de produits de l'agriculture biologique.

Des extraits d'un article du Parisien de juin 2009 relatent ce phénomène :

11.06.2009

(...) Face à une telle demande en fruits et légumes biologiques, les établissements de formation agricole s'adaptent et répondent ainsi à la volonté de l'Etat, qui annonçait hier une série de 28 mesures en faveur de l'agriculture biologique en Ile-de-France. A Brie-Comte-Robert, le centre de formation professionnelle et de promotion agricole, financé par la région, croule tellement sous les candidatures qu'il crée à la rentrée une nouvelle formation : un certificat de spécialisation en production de l'agriculture biologique, transformation et commercialisation ouvrira ses portes. Les inscriptions à ce module, ouvert à des jeunes agriculteurs qui veulent se spécialiser dans le bio, sont lancées. « Ils seront quinze à la rentrée et bénéficieront de cinq cent soixante heures de formation en un an, sous la forme d'un contrat d'apprentissage », explique S. G., responsable de la filière agriculture. Celui-ci s'adresse à tous ceux qui veulent se reconvertir. Ils sont de plus en plus nombreux à adhérer à cette solution aux problèmes actuels, qui fournit des aliments sains et des emplois durables. » Le rapport entre bio et

agriculture classique s'est même inversé. « Il y a quelques années, j'avais vingt demandes en agriculture conventionnelle contre une pour le bio, se souvient S. G. Aujourd'hui, j'en reçois cinquante en bio pour trois en conventionnelle ! » Les élèves profitent de l'expérience des maraîchers, qui les reçoivent pendant la formation. « On nous laisse faire des expérimentations et on s'ouvre à d'autres techniques, se réjouit une jeune agricultrice qui va convertir une partie de la ferme céréalière de son père en maraîchage biologique. Et comme la plupart de ses collègues, âgés de 23 à 50 ans, elle n'exclut pas de rejoindre un jour une AMAP de son secteur. En attendant, les légumes que les élèves produisent sur place, dans 3 000 m², sont consommés à la cantine du lycée agricole et dans celle du ministère de l'Agriculture.
Le Parisien. »

Daniel intervient aussi pour le montage des dossiers économiques de demande de prime à l'installation « J A » (Jeune Agriculteur) et l'accès aux prêts bancaires bonifiés. Sa compétence et son expérience professionnelle lui permettent d'aider à faire l'étude financière prévisionnelle en connaissance des référentiels technico-économiques spécifiques à l'AMAP.

Le premier projet d'installation « JA », en AMAP s'est fait dans le Var en 2004 : c'est l'installation d'Isabelle Bouvier, et la première présentation officielle en CDOA, (Commission Départementale d'Orientation Agricole), organisme du ministère de l'agriculture qui valide le projet pour l'obtention de la prime à l'installation ou Dotation Jeune Agriculteur (DJA). Cette démarche s'accompagne de l'obtention de prêts bonifiés. Les producteurs en AMAP sont présents à la réunion de la commission. Les ratios sont très différents de ceux de l'agriculture conventionnelle, intensive, chimique ou de la monoculture. Pour être validé par la commission, il a fallu témoigner et défendre le projet basé sur une étude économique spécifique. Beaucoup de projets JA ont été accompagnés ainsi.

Les efforts des consommateurs en soutien d'une installation JA, ont besoin d'un accompagnement et d'une approche très argumentée du projet. C'est l'incertitude sur la capacité à produire et sur les quantités de produits. On part de rien. Ce n'est pas le cas avec un paysan en exercice, où la succession des rotations permet de bénéficier des dernières récoltes des plantations en place en attendant la nouvelle production. Dans un projet d'installation la difficulté est partagée. Pour le consommateur, le soutien inconditionnel s'impose et pour le jeune, c'est une angoisse et une énorme pression psychologique.

Ces données sont exposées au cours de l'essaimage. Elles sont toujours accueillies avec enthousiasme car l'enjeu de soutenir l'installation se rajoute à celui du maintien de l'agriculture.

Un exemple d'aide très « soutenue » à l'installation d'une jeune agricultrice.

Linda Malquet a présenté son parcours d'installation lors du colloque international des AMAP en février 2008 à Aubagne :

« *Mon installation se situe aux « Vallon des Gavots » sur la commune d'Aubagne. Je voulais faire du maraîchage biologique sur 2 hectares avec une commercialisation en AMAP, 40 paniers prévus pour l'été 2007, 55 en 2008, 70 en 2009. Je n'avais aucun capital de départ il me fallait faire une demande pour obtenir la subvention DJA (Dotation Jeune Agriculteur). Pour cela j'ai dû faire le « stage 6 mois » et le « stage 40 heures » pour prétendre à la Dotation Jeune Agriculteur. Il ne faut avoir signé aucun bail ni être inscrit à la MSA (Mutualité Sociale Agricole) comme agriculteur principal. Donc, mon installation ne pouvait être officielle avant cela.*

– De janvier à mars 2006 : stage 3 mois aux Olivades (83)

– Avril à juin 2006 : stage 3 mois chez Jérôme Laplane (13)

– Mai – juin 2006 : stage 40 heures au CFFPA Valabre (13)

– Juillet à septembre 2006 : employée aux Olivades.

Le terrain d'exploitation :

– Août – septembre 2006 : Mise en relation, par Daniel, avec la mairie d'Aubagne pour la location de 2 ha au Vallon des Gavots à Aubagne. La ville et la Communauté d'Agglomération GHB ont *fait passer 20 ha de terre constructible en terre agricole au dernier PLU (plan local d'urbanisme). La ville possède 4 ha, elle souhaite y installer un agriculteur et favoriser le lien social avec les quartiers autour du Vallon des Gavots. Une AMAP répond à leurs attentes.*

– Septembre 2006 : mise à disposition du terrain par la ville. Il faut attendre d'avoir la DJA avant de signer un bail.

Le dossier d'installation

– Octobre 2006 : montage de l'EPI (Etude Prévisionnelle d'Installation) avec l'ADASEA (Agence Départementale d'Aménagement des Structures d'Exploitation Agricole) pour obtenir la dotation.

– Décembre 2006 : dépôt du dossier de demande de DJA

– Janvier 2007 : Changement de cadre réglementaire de la DJA. Il faut refaire l'EPI, désormais appelé PDE, plan de développement d'entreprise. Aucune idée du temps que cela va prendre.

– Février 2007 : Décision de commencer avec 20 paniers au lieu de 40 pour ne cultiver que la surface maximale autorisée en tant que cotisant solidaire à la MSA (puisqu'en tant qu'exploitant principal, je perds la possibilité d'avoir la DJA). (...). Trois mois après la demande de prêt au Crédit agricole : toujours pas de DJA, la banque refuse l'accord de prêt.

Le lancement de l'AMAP

– Janvier à mars 2007 : la ville d'Aubagne et la « Communauté d'Agglomération » organisent trois réunions dans les trois quartiers qui entourent le Vallon des Gavots (Les Bartavelles, le Charrel et la Tourtelle) pour présenter le projet et susciter des vocations AMAPiennes.

– Mars 2007 : avis favorable de la CDOA (commission départementale pour l'obtention de la DJA). On peut lancer le projet.

– 2 mars 2007 : réunion à la Tourtelle en présence d'une vingtaine de consommateurs, de Magali Giovanangelli, 1re adjointe au Maire d'Aubagne et Denise Vuillon pour l'accompagnement en AMAP et la sensibilisation au projet.

– Présentation du projet et démontage du calcul du prix du futur panier AMAP.

– Denise sollicite les personnes intéressées et leur propose de me faire une avance de trésorerie sur les paniers qui arriveront en juin et, explique, que seule cette solidarité pourrait me permettre de démarrer le projet en AMAP dès le printemps 2007 sans attendre.

– 10 personnes me versent à l'avance le montant total de la saison de six mois, le prix du panier calculé à partir de mon étude prévisionnelle était à 22 €.

– Mars 2007 : montage d'une serre avec l'aide de quelques amapiens et mise en place du système d'irrigation.

– Avril 2007 : plantation de plants fournis par Daniel

– Avril 2007 : demande de prêt à taux 0 à l'ADIE (Association pour le Droit à l'initiative économique)

– 1er mai 2007 : date officielle de mon installation en tant que producteur principal, inscription à la MSA.

– Juin 2007 : versement du prêt de l'ADIE

1re distribution le 15 juin 2007 à 22 consommateurs solidaires, engagés financièrement trois mois avant et autour d'un apéritif en présence de tous les acteurs du projet : ville d'Aubagne, communauté d'Agglo, Daniel et Denise et de voisins.

Première saison en AMAP :

La première saison d'été a été une belle production. En même temps, je préparais les plantations pour la saison d'hiver 2007/2008. Je prévoyais 20 paniers de plus pour passer à 40 paniers et pouvoir sortir un salaire, ce qui n'avait pas été le cas, étant donné les péripéties administratives et les limites de ma capacité de travail, du fait de l'installation. J'ai travaillé seule et c'était très difficile.

– Septembre 2007 : j'ai enfin eu le versement de la DJA, et le versement du prêt bancaire à la NEF. J'ai pu rembourser les fournisseurs.

Deuxième saison en AMAP

– Octobre 2007 : début du panier d'hiver avec 36 paniers.

– 15 octobre 2007 : 1re nuit de gel avec gel toutes les nuits suivantes.

Je suis dans une région froide en hiver La production en souffre et les paniers d'hiver sont décevants au vu de ce qui a été planté. Mais nous allons clôturer la première année, peut-être la plus difficile à vivre. Dès la deuxième année les rotations des cultures vont se chevaucher et ce ne sera plus comme l'année 2007, partie de rien... et je devrais pouvoir embaucher quelqu'un pour m'aider. Linda. »

LE TOUR DU MONDE DU CONCEPT

Les AMAP de France

Les paragraphes précédents montrent l'importance, pour le paysan essaimeur de se rendre sur le lieu de production et d'évaluer la faisabilité du projet d'AMAP.

Nous parrainons tous les premiers projets suivant l'exemple de notre expérience de 2001. Ces hommes et ces femmes avec qui nous avons partagé leur histoire locale d'AMAP, ont intercepté les premières informations nationales sur le concept, radio ou bouche à oreille ; puis a eu lieu le colloque en 2004. Leur besoin d'agir est sous-jacent. Ils militent dans des cercles associatifs comme « Attac » ou dans les groupes autour de Pierre Rabhi[19]. Ils s'investissent bénévolement. Ils viennent à notre rencontre ; nous en avons reçu beaucoup, chez nous, aux Olivades et nous sommes invités chez eux, dans de nombreuses régions. Ils viennent à la source pour s'imprégner du concept jusqu'à mettre en place une première expérience locale qui se multipliera, elle aussi.

Les producteurs intéressés, nous en rencontrons beaucoup. Certains feront un petit séjour aux Olivades, au cœur de l'AMAP et du jardin maraîcher. Ils partagent le même enthousiasme, les mêmes valeurs, et l'alternative économique les intéresse. Ainsi, nous accompagnons une soixantaine de projets d'AMAP en Provence, et une centaine dans toute la France. Nous avons croisé ces hommes et ces femmes, d'abord en Provence, et ensuite, en Midi-Pyrénées, Pays de Loire, Haute Savoie, en région d'Angers, en Corse, en Région Centre, près de Bordeaux, en Alsace, en Nord Pas de Calais, en Languedoc Roussillon, en Poitou-Charentes etc. Leur histoire, d'acteurs paysans ou consommateurs, symbolise une des valeurs clé du maintien de l'agriculture paysanne.

Certaines régions peinent à mettre en place une vraie AMAP, soit par l'isolement des fermes soit par manque de personnes ressources. Malgré la bonne intention, la mobilisation et la démarche de solidarité, quand la création n'est pas accompagnée ça

[19] Pierre Rabhi : Ecrivain, agro-écologiste. Au service de la terre Mère, il mène, entre autre, des actions en faveur de la souveraineté alimentaire en Afrique.

ne marche pas. Sans l'expérience du concept, ni la transmission de l'expérience professionnelle, le projet n'aboutit pas à la mise en place d'un vrai partenariat, d'un vrai projet en commun. Les conséquences de ces mauvaises expériences sont regrettables aussi pour l'image du concept AMAP dans son ensemble.

Ce courrier de Cécile nous présente un contre-exemple d'essaimage. Elle est paysanne en polyculture élevage et maraîchage. Elle a beaucoup de mal à mettre en place l'AMAP en Poitou :

« Les groupes qui se sont montés il y a quelques années, se sont montés seuls, sans cohésion les uns avec les autres, aidés la plupart du temps des GAB (Groupement d'Agriculture Biologique), chacun avec sa définition des AMAP.

Le résultat aujourd'hui, c'est un joyeux bazar et pas d'AMAP, des associations de producteurs, de consommateurs, des marchés underground. Bref, des paysans qui ne peuvent pas vivre de leur travail en AMAP.

Par exemple voilà le discours que nous a tenu un consommateur d'une association près de chez nous : "ce n'est pas grave si la maraîchère ne vit pas de son travail, elle habite chez ses parents !" Tout ce qu'ils veulent localement c'est des parts de légumes pas chères, bien fournies, car c'est ça une AMAP. Et comme la maraîchère ne s'en sort pas, ils lui demandent de produire plus pour gagner plus !

On travaille pour faire avancer le concept des AMAP en Deux-Sèvres. Et c'est sur ce point que je sollicite votre expérience et votre aide.

Dans notre « AMAP des 4 saisons », nous en sommes à 34 parts de légumes et seulement une vingtaine repartira pour l'année prochaine. Nous sommes loin des 50 parts nécessaires, mais ce sont des gens très motivés et ça, c'est positif...

Nous ne sommes pas mécontents, vu le contexte local très hostile.

A bientôt.

Cécile. »

Pour la transmission des fermes aux jeunes générations

En Provence

Au plus près de chez nous, Aubagne était une zone maraîchère, il n'y a pas si longtemps.

Les fermes des derniers maraîchers se trouvent à Aubagne, près du lieu de la distribution de notre AMAP. Ils viennent rencontrer Daniel et échanger avec lui sur les aspects professionnels. Parallèlement nous sommes aussi sollicités par des consommatrices de Marseille, très motivées, qui œuvrent dans le commerce équitable. La rencontre va très vite déboucher sur le projet d'AMAP. Après une rapide sensibilisation des futurs partenaires, plusieurs vieilles fermes familiales d'Aubagne, entrent en AMAP pour approvisionner des groupes de Marseille. Forts de leur ancienneté dans le métier, ces producteurs sortent rapidement de l'impasse économique et se maintiennent. Ils sont motivés par la sensibilisation, et la demande insistante des futurs amapiens de Marseille les décide.

En 2005, dans cet espace périurbain aubagnais, 4 fermes en AMAP, seront ainsi reprises par la jeune génération. Ces enfants ont fait l'école d'agriculture et bénéficient de la transmission familiale des savoir-faire. L'impact sur le maintien de l'agriculture paysanne est très positif. C'est la relocalisation d'une activité en déclin et la redynamisation économique.

En maraîchage, la reprise des fermes par les enfants n'est plus envisageable actuellement, en dehors de l'AMAP. Ces projets réalisés sont les plus belles histoires d'AMAP. Pour une de ces 4 fermes par exemple c'est le travail de sept générations de maraîchers qui se serait arrêté.

En Pays de Bray

A Ferrières en Bray, une famille de maraîchers se tourne vers l'AMAP, en recherche d'un débouché supplémentaire et d'une solution économique pour la reprise de la ferme par les enfants. Les parents et les enfants, France et Sébastien travaillent tous sur l'exploitation. Avec le comité de Pilotage de l'AMAP, nous les rencontrons. Pour l'avenir de ces producteurs, l'enjeu est très fort.

Nous abordons toutes les bases du concept. L'AMAP, c'est la seule perspective pour la durabilité et la viabilité économique de la ferme.

Compte rendu de la visite de Daniel et Denise Vuillon
à Ferrières en Bray, à la ferme Léger par Anne Lise Millan Brun

« Rappelons quelques chiffres : il y a 30 ans, on comptait plus de 2 500 maraîchers en Ile de France, il y en a à présent 150.

Cette visite s'est effectuée à la demande des membres de la famille Léger, producteurs à Ferrières en Bray, à 2 heures de route de notre AMAP « Réunion Père la chaise ». Les Léger sont déjà en AMAP avec nous depuis Octobre 2006. La_visite n'a pas ressemblé à une expertise au sens strict du terme, elle a plutôt pris la forme d'échanges d'expériences, de questions de part et d'autre sur les pratiques agricoles, sur les savoir-faire en maraîchage, sur le fonctionnement de l'AMAP...

Avec les Vuillon, le courant passe tout de suite très bien, Les Léger nous mettent vite à l'abri dans la grande serre à l'avocatier (le vent souffle en rafale et il fait un petit 7° C). Nous, amapiens qui les suivons, sentons tout de suite qu'il s'agit d'un échange de pro à pro du maraîchage, et comme toujours à la campagne, on commence par parler du temps qu'il fait, du climat, on compare les quantités d'eau qui tombent en pays de Bray et dans le Var, pour s'étonner que ce soit finalement les mêmes. Les Vuillon interrogent sur l'avancée des semis, sur les méthodes, etc. Les Léger expliquent que 10 % de leur chiffre est fourni par la vente de plants sur les marchés, à des jardiniers amateurs et aussi à quelques collègues, mono-cultivateurs de salades. Une partie de leurs plants est vendue sur place, mais ils tiennent à garder leurs emplacements trois fois par semaine sur les marchés de Gournay en Bray et Beauvais, y compris l'hiver, car en avril mai, période « creuse » des légumes, ils y vendent énormément de plants, ce qui assure une régularité de ressources, surtout en fin de saison. Les Léger sont pratiquement les derniers sur les marchés qu'ils fréquentent à être intégralement producteurs de ce qu'ils vendent, et les gens le savent. Daniel, qui en vient au vif du sujet, demande : « que pensez-vous de votre expérience d'AMAP ? »

— Sébastien répond du fond du cœur : « on ferait tout comme ça, ce serait formidable, faire un marché sous la pluie, et ramener pratiquement tout à la maison parce qu'il n'y a pas eu grand monde »...

— Daniel : « Mais finalement, si vous arriviez à commercialiser vos plants sur place, à la maison, vous n'auriez plus vraiment besoin de garder ces places de marchés qui sont si dures à tenir ? »

— Sébastien : « effectivement, c'est peut-être faisable, nos clients de plants sont fidèles et accepteraient sans doute de venir jusqu'ici, ce sont tous des gens de la région. »

— Denise : « Il n'est pas question que le producteur abandonne ses marchés, s'il ne se sent pas sécurisé par l'AMAP. Il ne faut pas laisser tomber la clientèle des petits villages, mais vous pouvez leur proposer de prendre un panier par semaine à la ferme ».

— Sébastien : « c'est sûr qu'on se demande si l'AMAP n'est pas qu'un effet de mode... »

C'est là que Denise et Daniel se révèlent particulièrement convaincants, car ils relatent leur expérience, qui a déjà 8 ans et est couronnée de succès. M. Léger, père, qui ne savait pas qu'il avait devant lui les premiers maraîchers à avoir converti toute leur commercialisation en AMAP, redouble d'attention à leurs propos. Il se trouve en plus que la surface des Vuillon est similaire. Depuis 5 ans, leur entreprise se porte bien, ils emploient 4 salariés en permanence et deux saisonniers l'été. Leur panier est nettement plus cher, mais il est plus lourd, comporte au minimum 10 produits différents, et en été, des fruits.

Ils expliquent qu'on n'est plus obligé de fournir des légumes calibrés, au bon vouloir de l'acheteur, mais que la relation qu'on établit avec les amapiens permet d'habituer les gens à voir des légumes bien différents, plus variés, avec des formes rigolotes, pas prévues. Et puis, comme il faut partager toute la récolte entre tous les abonnés, le poids du panier varie d'une semaine à l'autre, parfois, il comportera 15 courgettes, voire plus, et l'amapien, embarrassé tout d'abord, se retrouve finalement dans la même situation que celui qui cultive un jardin potager, et qui doit composer avec sa production de légumes, parfois abondante, parfois rare. A lui d'utiliser toutes les techniques de conservation, modernes (congélation) ou traditionnelles (fermentation, conserves), ou de partage, pour que ça ne devienne pas une contrainte mais un bonus.

Pour les Vuillon, le grand atout des Léger, c'est qu'ils travaillent en famille, père, mère, fils et fille, et que ça leur permet d'être partout : au marché, sur la ferme, pour travailler et pour recevoir les acheteurs de plants.

Les Vuillon expliquent la conversion progressive en bio et rappellent que ce qui est très important pour le consommateur en AMAP, c'est la qualité sanitaire des produits.

Ensuite, ils expliquent aux Léger qu'ils ont mis au point un calcul du prix du panier, qui prend en compte la totalité des dépenses de productions, les salaires, les charges, etc. (Ils vont en envoyer un modèle aux Léger). De plus, ils affirment avec force que si on veut attirer des jeunes dans ce métier, il ne faut pas leur proposer de faire des semaines de soixante-dix heures payées misérablement. Sébastien informe alors qu'ils viennent de recruter un jeune qui travaillait déjà occasionnellement pour eux le week-end, et à qui le métier semble plaire.

Sur les méthodes de culture, les Léger expliquent qu'ils n'utilisent que des fumiers animaux (équin, bovin, ovin) et du terreau neutre, (sans pesticide ni fongicide) pour les semences.

Les Vuillon interrogent les Léger sur les semences qu'ils utilisent, et leur fournissent ensuite des noms de distributeurs de semences bio pour les professionnels. Les Léger parlent de « leur » potiron et de « leur » radis de Gournay, dont ils conservent la graine depuis des générations, ce qui intéresse vivement les Vuillon, qui les encouragent à conserver leur biodiversité locale. La visite de la ferme se termine donc par la réserve aux potirons.

Dans la voiture, sur le chemin du retour, Denise et Daniel témoignent du professionnalisme des Léger et de leur ouverture d'esprit, qui les a conduits à se lancer dans l'aventure « AMAP ». Ils indiquent également que Sébastien leur a confié avoir acheté 45 ha de terres, car il a le projet de produire des fruits (il a entendu depuis 2 ans les amapiens en réclamer...) et de désintensifier sa production de légumes, et aussi parce que les 8 ha « historiques » de la famille sont menacés par la pression foncière dans le village de Ferrières. Selon eux, de notre attitude vis-à-vis des Léger, dépendra leur évolution vers le bio et vers la commercialisation en AMAP exclusivement. Si notre groupe est solide, c'est-à-dire que le nombre d'adhérents ne diminue pas brusquement d'une saison à l'autre, si nous gérons bien nos relations avec eux, que nous ne cherchons pas à leur imposer à toute force ce que nous estimons être de « meilleures pratiques », il y a de fortes probabilités qu'ils s'orientent d'eux-mêmes complètement vers le 100 % AMAP.

Anne Lise. »

Depuis cette visite, l'association « AMAP réunion Père Lachaise » verse annuellement un chèque de soutien à CREAMAP. Merci pour tous.

Courgettes
(Photo de Pascal NK1/fokus21.org)

L'essaimage par les réseaux autonomes locaux

Certaines régions, ont su, plus que d'autres, garder en mains la dynamique de transmission de l'AMAP. Nos rencontres et nos échanges réguliers, permettent de faire, régulièrement, une mise à plat des bases économiques, sociales et éthiques.

En Midi-Pyrénées

Nous rencontrons Annie Weidknnet et François Blanc de Toulouse, fin 2002, à une première réunion de sensibilisation. Annie fait plusieurs séjours aux Olivades. Elle nous invite aussi quasi annuellement. Elle crée la première AMAP en Midi Pyrénées, associée à des productrices, Fabienne, Rénate, Sabine et des producteurs en AMAP. Ils montent un « réseau des AMAP »[20] régional, pour accompagner les créations : 120 en 7 ans. Annie fait un gros travail de création d'outils logistiques pour informer et guider les essaimeurs d'AMAP. C'est elle qui nomme « mangeurs », les partenaires qui soutiennent le paysan, Elle a favorisé le regroupement des producteurs du réseau et mis en place une dynamique professionnelle axée sur l'essaimage et la viabilité du concept.

Ensemble, nous participons au colloque international des partenariats locaux producteur-consommateurs en 2008 à Aubagne. Nous faisons le point sur l'évolution du concept et présentons une réflexion sur ses forces et ses faiblesses.

En Région Nantaise

Nous y allons quatre années de suite pour sensibiliser les maraîchers en AMAP à l'approche professionnelle.

Cette région a une histoire agricole de maraîchage. C'est un atout qui favorisera le démarrage d'une 1re AMAP en 2004 portées par Françoise et le maraîcher Alain, actuellement, « AMAP de la Montagne ». En 2005 et 2006, 3 nouvelles expériences : « AMAP, de la Bugalière » initiée par Patrice Hurel, suivie de près par « l'AMAP de L'Hyppodrome » avec Céline l'amapienne et David le maraîcher et « l'AMAP Doulon », avec les maraîchers bio, Eve, Christophe et Emmanuel. La demande des consommateurs est énorme, mais peu de producteurs sont préparés. Nous sommes invités à la première « Faîtes des AMAP » en 2007, chez Marie-Françoise, paysanne boulangère à St Georges de Montaigu et Bruno.

---

[20] http://www.amapreseau-mp.org/

Nous sensibilisons les mangeurs et quelques producteurs présents, à l'approche professionnelle du concept. En 2008 les mangeurs s'investissent, ils cherchent et trouvent des maraîchers. Céline nous organise des visites de fermes de maraîchers candidats. Patrice anime une réunion qui accueille 20 producteurs. La dynamique d'essaimage s'organise. En 2009, Patrice, sans recourir à l'association loi 1901, ni dans son AMAP ni au sein du « collectif des AMAP 44 »[21], coordonne l'essaimage en binômes essaimeurs. Tous les nouveaux producteurs ont une formation bio et sont tous accompagnés. Une pépinière de jeunes agriculteurs est parrainée. Patrice Hurel, référent mangeur, lui aussi a choisi de nommer les consommateurs, « mangeurs », assure la communication et partage les responsabilités avec Béatrice et d'autres membres du collectif qui s'investissent tous pour coordonner les AMAP de la région nantaise.

Pour mettre en avant la dynamique d'essaimage, voici une partie du compte rendu de Patrice Hurel suite à la visite de Daniel en Loire Atlantique en 2010 :

« Certains membres du collège d'essaimage (2 maraîchers et 7 mangeurs) ont rencontré Daniel dimanche 12 septembre à l'occasion de son invitation à la fête de la vache les 10,11 et 12 septembre au Dresny, qui fut aussi le lieu de la fête des AMAP. Daniel a profité de ce séjour pour rendre visite à six maraîchers en AMAP sur le secteur de la fête (le nord Loire du département) Il a rencontré la nouvelle vague de jeunes maraîchers, Claire et Gaëtan (Nort/Erdre) en AMAP depuis trois ans, Eve, Christophe et John Paul (Les Touches) en AMAP depuis quatre ans, Murielle et Jean-Christophe (Fay de Bretagne) en AMAP depuis trois ans, Caroline, Stéphane et Julien (Vay) en AMAP depuis 1 an, Albine et Vincent (Avessac) en AMAP depuis quatre mois, Sébastien, Anthony et Philippe en AMAP depuis deux ans. Il a vu de "beaux jardins" et un bon professionnalisme chez ces maraîchers

Chez Albine et Vincent, tout juste installés en 2010, après un apprentissage de deux ans chez Alain, le premier maraîcher en AMAP en 2004, avec une expérience en maraîchage de près de vingt ans. Une formation essentielle pour la réussite des fermes est

[21] voir carte des AMAP de Nantes sur leur site http://www.amap44.org

à cogiter sérieusement. Pas plus d'un stagiaire par ferme. Stage de 1 à 2 ans – durée à définir entre le maître de stage et son stagiaire – L'évaluation de la formation se fera par la qualité de l'exploitation qui naîtra. Daniel nous invite à solliciter les institutions locales pour obtenir d'elles un accompagnement financier sous forme de contrat salarié pendant 1 ou 2 ans, avec le parrainage par un producteur en AMAP. La rémunération serait compensée par un engagement de 5 ans du jeune producteur à s'installer localement et à distribuer en AMAP. C'est un dispositif japonais qui fonctionne très bien.

Le foncier, toujours une préoccupation, pourrait être supporté par la préemption de terres par la commune.

Panier unique ou non...

Le choix de distribuer en AMAP en panier unique ou multiple relève de la responsabilité et du cheminement du seul maraîcher en AMAP.

Globalement ce qui reste à faire :

– Les jeunes maraîchers en AMAP sont trop préoccupés à "remplir le panier" avec dans la tête la référence du prix des légumes de la mercuriale.

– Le producteur ne doit pas être dans la précarité. Il doit vivre de son travail et avoir un peu de temps pour lui et sa famille.

– Le "juste" prix du panier est à calculer au cas par cas selon la réalité de chaque ferme.

– La communication du producteur vers les mangeurs doit être anticipée sur les catastrophes annoncées (sécheresse de cette année...).

– Le mangeur référent doit relayer cette information par une éducation populaire des mangeurs, surtout pour les nouveaux qui ne connaissent pas l'historique de la relation AMAP antérieure.

– Constituer des comités de mangeurs pour argumenter et décrypter auprès des mangeurs consuméristes les mensonges du marketing de la GMS ou des "Hard Discount Bio".

– Accompagner dans le temps les maraîchers en AMAP à quitter progressivement leurs anciens réseaux de commercialisation (marchés ou intermédiaires) pour tendre vers du 100 % de distributions en AMAP.

– Inciter les mangeurs à se déplacer sur le lieu de production et de vie du producteur (exemple donné par Daniel : d'une règle dans

certaines CSA (nom des AMAP aux Etats-Unis) les mangeurs qui ne se rendent pas chez le producteur au moins une fois pendant le contrat paye leur panier 30 % plus cher !)

Développement des AMAP en France : le tassement du développement des AMAP en 2010, observé en Loire Atlantique, est général dans tous les départements (rappel : quatre AMAP en 2004, soixante AMAP en 2009 pour atteindre quatre-vingts AMAP en 2010). Les explications données par Daniel : la crise financière en 2008 impacte le pouvoir d'achat alimentaire des familles, la récupération sur concept du "panier bio" sur Internet et les actions de marketing de la Grande Distribution et des Hard Discount sur le bio.

Actions à mener :

– Annoncer la spirale infernale productiviste du toujours moins cher dans le bio, comme c'est le cas dans le conventionnel. Actuellement des investissements très lourds au Maroc pour produire du "bio" dans le désert avec l'eau des nappes fossiles (à la différence des nappes phréatiques, celles-ci ne se reconstitueront jamais) en exploitant la misère locale et la complicité des Etats pour obtenir la certification laxiste du "bio Européen ».

– Communiquer à l'intérieur des AMAP de la réalité économique des 40 % d'agriculteurs Français qui (tout type de productions confondues : bio et conventionnelles) ne gagnent même pas le SMIC ! Avec des revenus en chute de - 34 % en 2009. » (...)

En Haute-Savoie

En 2004 nous sommes invités par Jacques, Cathy, Andrée et bien d'autres personnes, au forum social organisé par l'association savoyarde Terre d'Union. Nous avons aidé consommateurs et producteurs à construire leur projet d'AMAP. Nous entretenons des liens très forts avec les citoyens acteurs des premières AMAP autour d'Annecy et Annemasse par la suite. Parallèlement, nos contacts avec les producteurs sont très réguliers. L'application de l'AMAP en zone de montagne est particulière. Du fait de l'arrêt de l'activité agricole, en hiver certains producteurs peinent à retrouver le nombre d'abonnés nécessaires et redémarrer la nouvelle saison sur des bases économiques suffisantes. Les difficultés de la saison précédente peuvent influencer le consommateur et exercer une certaine usure de la solidarité.

Odile, de Haute Savoie se lance dans le métier de potagère. Elle a entendu parler de l'AMAP. En 2005 elle fait un stage de quelques jours aux Olivades. Elle se lance en AMAP en 2006, après un dur parcours pour obtenir un terrain et faire son installation.

Odile organise des rencontres entre les agriculteurs en AMAP au sein d'un groupement des agriculteurs savoyards, informel. Nous accompagnons cette dynamique dans l'échange des moyens techniques et économiques pour rendre le concept durable. Odile, très impliquée dans le fonctionnement de son AMAP, en assure la communication et participe à la promotion et la transmission du concept en Haute Savoie. Son implication, n'est pas seulement destinée au concept en général, il lui faut d'année en année se mobiliser pour maintenir un nombre optimum d'inscrits dans sa propre AMAP.

Le mot d'Odile[22] potagère : 25 05 2010

« (...)

Petit rappel éthique

(...) Attention l'éthique des AMAP est fondée sur des principes bien précis au niveau cultural et humain l'un avec l'autre, jamais séparé. Sans pesticides ni herbicides ni engrais de synthèse, avec une transparence comptable, une entraide, ateliers sur le terrain, des adhérents vers le producteur, une rémunération valorisante, si minime soit-elle. Un souci constant du producteur à fournir chaque semaine un panier de produits goûteux, de saison, à échanger, partager avec les adhérents sur les pratiques et les problématiques du métier.

Tout producteur ne peut pas se sentir apte à travailler avec une telle rigueur et tout mangeur, s'il est juste consommateur, ne trouvera pas non plus d'intérêt à soutenir cette agriculture.

Nous avons tous besoin des autres pour vivre. Penser qu'on ne peut rien face à toutes ces tourmentes économiques, éducatives,

---

[22] http://amap74-balmont.blogspot.com

etc., est une erreur totale, tous et chacun pouvons faire en sorte de vivre mieux, il faut simplement le vouloir, oser se le dire et demander (...) Je suis maraîchère en AMAP, plus j'avance plus je suis fière d'avoir rencontré ce chemin, grand merci aux familles adhérentes de mon Potager d'avoir compris le formidable enjeu que représente cette démarche (...) L'essaimage se fait par transmission de producteurs adhérents actifs, afin d'accompagner de nouveaux groupes et ainsi de suite... L'économie, l'éducation, nous en sommes tous à la base (...) Soyons conscients de nos pouvoirs, si la Santé va tout va.

Odile »

En 2010, nous sommes à nouveau invités à la fête des associations d'Annecy, dans le cadre de la semaine du développement durable. Elle rassemble des acteurs pour leur projet à venir mais regroupe aussi les partenaires autour des bases communes, économiques, sociales et solidaires de l'AMAP. Daniel répond à l'invitation.

L'objet de son intervention est de rétablir un équilibre des forces, entre l'action citoyenne, et la dynamique professionnelle agricole. Il a suffi de mettre au-devant de la scène les facteurs humains de l'alternative économique pour résoudre quelques problèmes pouvant avoir de graves conséquences.

Ainsi, le sens aigu des belles valeurs de chacun des acteurs, a permis de revenir à l'essentiel et d'aborder la solution au problème. L'agriculteur ou l'agricultrice, soutenus, peuvent ainsi sortir du malaise et de la récurrente impression de dépendance économique.

Il est indispensable de rappeler aux consomm'acteurs, qu'il est difficile de tenir, dans la durée, l'engagement solidaire et les contraintes de l'AMAP sans revenir régulièrement sur le sens de l'action.

En Corse

Sylvie Marinacci, consommatrice, entend parler pour la première fois des AMAP en 2003. Au cours d'une grande réunion, elle nous invite avec la porte-parole de la confédération paysanne, en 2005. C'est la naissance du premier projet d'AMAP en Corse. D'autres AMAP seront ensuite accompagnées par Corsicamap sur l'île.

Le mot de Sylvie Marinacci, responsable

« *Depuis 2005, Denise et Daniel sont invités en Corse, tous les ans, accueillis par les amapiennes Ariane, Marie-Pascale et chez les producteurs Virginie et Jean Marie, maraîchers bio à St Lucie di Moriani. Leur jardin accueille la 1re AMAP en 2005 : « Le bio jardin de Virginie ».*

Sept autres AMAP ont vu le jour dans notre région côte-Est : trois à St Lucie de Porto Vecchio : une AMAP en maraîchage avec Marc, une AMAP œufs et volailles avec Martine et Daniel, une AMAP fruits avec Jean-Jacques, une à San Martino di Lota avec l'AMAP œufs fermiers de Chantal, une à Santa Lucia di Moriani, en AMAP fromages de chèvres avec le couple Valérie et Eric, à Canale di Verde l'AMAP U Petricciu viande de veau avec Lucien et, à Venzolasca, Bettina et Pascal pour l'AMAP maraîchère Campa Bio.

Précisons que ces AMAP disposent de lieux de distribution qui leur permettent de fournir leurs consommateurs au-delà de la commune de l'exploitation. Par ailleurs, trois autres projets d'AMAP en maraîchage vont bientôt voir le jour dont une « AMAP campus » avec les étudiants de Corte.

Depuis 2001, toutes les AMAP sont nées du transfert des premières expériences. Cette méthode d'essaimage a fait ses preuves. C'est pourquoi, depuis un an, grâce aux encouragements et aux conseils de Denise et Daniel, les premiers acteurs consommateurs et agriculteurs corses ont créé une association "CORSIC'AMAP" pour aider à leur tour à la création de nouvelles AMAP. La situation de l'agriculture paysanne est toujours menacée de disparition, alors que de nombreux consommateurs recherchent une nourriture saine et locale ; l'AMAP apporte donc une solution aux deux parties. L'enjeu est important, il faut se donner les moyens d'accompagner et de développer les AMAP corses pour la pérennisation et la durabilité du concept.

Pour CORSIC'AMAP Sylvie. »

Pour le maintien de l'espace paysager et agricole

En Haute-Provence

Une des histoires d'AMAP se rapporte à l'agriculture de semi-montagne, avec des productions de plein champ, tardives, et des distributions allant, en moyenne, de juin à fin décembre, avec des produits de garde comme les pommes de terre, les courges...

Le projet est porté par Sylvie et Alain, consommateurs qui habitent Château Arnoux, dans les Alpes de Haute Provence. Ils sont à peine sortis de leur univers parisien quand ils nous invitent à visiter la ferme de Yolande, maraîchère et bergère d'Upaix, à une trentaine de km. Nous sommes en juillet 2007, nous avons rendez-vous au village du Poët, au-dessus de Sisteron. La productrice vient à notre rencontre et nous mène sur sa ferme « Fontlebeau », à 650 mètres d'altitude. Au bout du chemin, nous n'apercevons que le toit de sa maison adossée à l'autre pan de la colline, à l'abri du vent froid, le mistral. Nous découvrons un magnifique site pastoral. A cette période de l'année, nous ne voyons pas les brebis, elles sont en altitude, en transhumance.

Yolande a gardé le troupeau de brebis pour la viande que son père a toujours eu. Mais ses revenus ne sont pas suffisants, elle voudrait mieux valoriser la partie maraîchage. Les deux activités sont compatibles puisque les brebis ne sont pas là quand c'est le temps des cultures légumières.

Yolande nous fait visiter son jardin à flanc de colline. Il est en production et parsemé de fleurs.

Elle a la passion de la biodiversité. Ses tomates sont des variétés anciennes. Elle fait beaucoup de haricots verts et toutes sortes de salades, de courges, courgettes, aubergines, pommes de terre, etc.

Yolande nous explique comment, chaque année, au printemps, elle change de parcelle pour ses nouvelles cultures. Elle choisit, soit un pâturage, soit sur une prairie artificielle. Elle ajoute son fumier de mouton, elle laboure et fait ses plantations. Les mauvaises herbes n'ont pas le temps de pousser, et elle n'utilise aucun pesticide.

Avec ces pratiques agro écologiques, Yolande a une ferme autonome qui mérite d'être maintenue. Professionnellement, elle ne fait pas partie d'un groupement, elle travaille seule et en famille. Son fils a une formation agricole mais en attendant de pouvoir être employé sur la ferme, il travaille pour la commune. Nous entrons dans la maison pour remplir la fiche professionnelle et, comme une suite évidente, nous abordons sans détour les détails pratiques du partenariat, la date de la 1re distribution, et toute l'organisation. La relation naît spontanément entre Sylvie, Alain Le Breton et Yolande Truphème. Tous les éléments du puzzle AMAP prennent leur place sans grand besoin d'argumenter pour convaincre.

Maraîchage de montagne
(Photo d'Alain Le Breton)

Ces paysages, cette harmonie entre l'humain, la terre et les animaux, nous ont replongés dans l'univers de Jean Giono. Yolande vit cependant une dure réalité économique. Cette richesse naturelle ne suffit pas à la faire vivre.

Complètement transportée par la beauté et la magie qui se dégagent de ce lieu, je pointe du doigt les bienfaits de la démarche d'AMAP de Sylvie et Alain, et l'heureuse perspective que le fils puisse continuer à travailler sur la ferme.

Le soutien semble minime aux futurs amapiens mais le sens et l'enjeu sont majeurs. L'AMAP va permettre de préserver ce véritable patrimoine culturel et paysager. Pour la suite du projet, nos consommateurs présents ont bien conscience de l'utilité de faire venir tous les futurs amapiens sur le site de production. Ils réussissent le projet et créent « l'AMAP Durance » Les trente paniers suffisent au bonheur de Yolande et Sylvie et Alain, 4 ans après, sont toujours investis et satisfaits du concept.

Comme pour l'AMAP d'Odile, en zone de montagne aussi, le problème du contrat saisonnier est encore une fois soulevé. Une certaine difficulté à fidéliser les engagements l'année suivante demande au comité de pilotage et au producteur de se mobiliser avant la fin de chaque saison. Il faut anticiper six mois avant sur la prise des prochains contrats. Une nouvelle séance de sensibilisation s'impose mais il est difficile, en hiver, de se réunir sur la ferme. Avant de se quitter, un pot d'adieu permet de faire l'évaluation de la saison, le bilan, et de se projeter sur les perspectives à venir ; le souci étant de remplir le quota nécessaire et suffisant pour le producteur.

Si le maintien de l'agriculture paysanne est un enjeu capital, la formule la plus radicale est l'inscription et le versement d'un acompte sur le futur contrat. Pour le consommateur, si l'on considère son seul intérêt d'avoir un panier de légumes et fruits locaux, il peut trouver la durée du contrat, de 5 à 6 mois, insuffisante, et ne pas entrer dans cette AMAP. Mais s'il va sur le lieu, s'il voit cet espace, à la fois naturel mais si bien entretenu par l'activité agricole, il est spontanément sensibilisé, comprend les problématiques de cette agriculture et restera solidaire d'une saison à l'autre.

Pour la reconversion des fermes

De la grande culture de céréales à l'AMAP en région Ile de France

La Région Parisienne a perdu ses maraîchers. Ils étaient 2 500 dans les années 1980 et sont à peu près 150 en 2010.

Pour maintenir l'activité agricole sur ces espaces de production encore proches des citadins, la solution passe par la sensibilisation des céréaliers et par la mise en place d'expériences d'AMAP viables avec eux. La taille de l'exploitation, et l'économie induite ne sont pas à l'échelle du concept. Ils sont souvent dans une impasse économique, pieds et mains liés à leur banquier, et à l'organisation mondiale du commerce.

En 2003 un couple de consommateurs de l'Essonne, Morvan et Emmanuelle viennent nous voir avec le couple d'agriculteurs, céréaliers, Manu et Cristiana, pressentis pour créer une AMAP. Nous les accueillons aux Olivades, dans le bain de nos AMAP. Manu, est très dubitatif. Comment adapter un projet dans son contexte économique, dans sa filière céréales ? La détermination du couple de consommateurs et notre sensibilisation insistante ont eu raison du couple de céréaliers. Dans le même état d'esprit, la synergie entre eux se construit, mais les conditions d'application du concept sur une partie de la ferme demandent une sérieuse réflexion. Dès leur retour dans l'Essonne, nos deux couples partenaires se lancent dans l'expérience. Avec l'aide d'une voisine maraîchère, Manu réserve une parcelle pour commencer à produire des pommes de terre sous contrat AMAP. Morvan et bien d'autres acteurs s'investissent dans la coordination du groupe qui s'étoffe de plus en plus. L'AMAP est créée dans le respect de ses bases fondamentales. Si bien soutenu par les consommateurs, dès la deuxième année, aux pommes de terre, Manu ajoute des productions de lentilles, petit épeautre et maïs doux.

En 2010 Manu et Cristiana consacrent 23% de leur surface totale, à cultiver des céréales bio. Ils investissent dans la construction d'un fournil pour faire toute la chaîne blé/farine/pain bio, pour le grand plaisir des amapiens.

Comme le dit Morvan, en huit ans, grâce à l'AMAP, cet exemple de conversion réussie a changé le regard des élus locaux sur l'usage des terres agricoles du plateau de Saclay. Des échanges entre agriculteurs, citadins et élus ont abouti à des projets innovants dans le domaine de l'approvisionnement en produits bio des cantines des écoles, grandes écoles et des Centres de recherche.

En 2004, en région parisienne, d'autres citadins, Nicolas et François créent Alliance Ile de France devenue AMAP Ile de France. Caroline, qui en fait partie, très vite, nous contacte et s'investit dans l'essaimage. Elle organise les visites de fermes des producteurs candidats. Daniel rencontre des jeunes maraîchers qu'il conseille mais aussi des céréaliers en difficulté comme Jean-Louis qui convertira une partie de son exploitation céréalière en servant trois AMAP maraîchères. De nos jours il met à disposition une partie de sa ferme pour l'encadrement et la formation de futurs maraîchers. Un autre céréalier en difficulté, Jean-Luc, reconvertit aussi son exploitation pour faire du maraîchage bio en AMAP.

De la culture productiviste, du tabac à l'AMAP

En Alsace

Toutes les filières peuvent être reconverties en AMAP non sans une certaine adaptation, mais, c'est possible, des fermes sont sorties de leur marasme. Ainsi, celle d'André et Angèle Roesch, en est une belle démonstration.

Producteurs, près de Strasbourg, ils créent la première AMAP avec Nicolas Schtoefel représentant le groupe « Colibri 67 »[23].

Sur sa ferme familiale de Bretenheim, en polyculture élevage, puis, en productions maraîchères pour la grande distribution, André cultive aussi le tabac, sous contrat pendant 10 ans mais, trop endetté, il abandonne sa culture en 2000. Il produit des légumes pour la vente directe à domicile. La situation financière est de plus en plus délicate. En 2002, André lit un article d'une revue professionnelle, sur Daniel Vuillon et l'AMAP. Il est interpellé et prend le train de nuit. Il nous explique pourquoi il vient jusqu'aux

[23] Colibri : ou : « Mouvement pour la Terre et l'Humanisme » Associations départementales créés pour agir selon les principes philosophiques de Pierre Rabhi.

Olivades, à Ollioules : « *Tellement surpris par la photo d'un paysan qui sourit, je me dis, il faut que j'aille le voir.* »

Récit extrait de la plaquette de présentation de l'AMAP d'André et Angèle

« *J'ai tout de suite été séduit par la démarche AMAP, car sa philosophie est très complète sur les plans économique, écologique et humain, et cela correspond à mes convictions de paysans et citoyen. Après avoir abandonné les livraisons de légumes à domicile, nous avons commencé à planter pour l'AMAP dès février 2003 dans une incertitude totale quant à l'avenir du projet. En juin 2003, nous organisons une journée à la ferme et Denise Vuillon vient nous aider à la sensibilisation des consommateurs de Strasbourg. Huit personnes s'engagent. Une semaine après, la 1re AMAP est créée et la 1re distribution a lieu, rue des Vosges à Strasbourg : « l'AMAP-Strasbourg-Vosges ». Le bouche à oreille nous a ensuite permis de grandir progressivement. Deux ans après nous avons atteint l'équilibre financier. (...) Aujourd'hui notre ferme n'est plus dépendante des subventions, je pratique une agriculture saine et durable. Nous nourrissons 200 familles et 2 emplois et ½ ont été créés. Je peux ainsi dégager un revenu décent. Ayant pris conscience de l'attente de notre société et le besoin des paysans de se réapproprier leur destinée, nous participons à la mise en place du réseau AMAP-Alsace qui permet d'accompagner les porteurs de projet et contribue ainsi à la diffusion des AMAP. En 2009, une vingtaine de fermes ont adopté avec succès, ce concept.* »

Pour les Roesch, l'AMAP a stabilisé la situation économique. Ils peuvent vivre dignement de leur travail. La reprise de la ferme est envisagée. L'aîné de leurs huit enfants fait une formation qui va lui permettre de travailler et de rester sur la ferme.

En Picardie

En 2005, un amapien des Olivades est en vacances à 2 km de la ferme « La Tonnellerie » de Daniel et Sylvie, maraîchers dans l'Aisne près de Laon. Il leur parle de notre AMAP.

Les Boitelle produisent du tabac et de la betterave sucrière. La situation économique de leur ferme est catastrophique. Ils sont très intéressés par le projet. Eux aussi prennent le train de nuit pour venir nous voir. Ils participent avec nous à une réunion des producteurs en AMAP de Provence. Ils sont emballés.

En septembre 2006 ils se lancent. Ils ont 10 familles sur Reims et 25 sur Bezons en Région Parisienne, un samedi sur deux. Nous avons des nouvelles régulièrement.

Courrier de la Tonnellerie sept 2008

« Bonjour à vous gens du sud (...)

Notre AMAP s'est considérablement agrandie, nous comptons cette année 195 paniers. Nous faisons deux distributions sur Reims et une sur Laon (...) Nous avons eu une stagiaire pendant un mois et nous l'avons gardée avec un CDD (contrat à durée déterminée) pendant l'autre mois. Cette année les amapiens sont venus plus régulièrement sur l'exploitation. Cela aide. Et puis nous n'avons pas fait de tabac et nous avons arrêté les betteraves, la sucrerie ayant fermé. (...) Aujourd'hui nous sommes allés dans le Nord à une foire des vieux légumes, mais surtout des vieilles variétés de tomates. C'était très intéressant. On verra pour l'année prochaine.

Maintenant concrètement on ne regrette pas d'avoir créé une AMAP sur l'exploitation. Avec la banque, les relations sont plus cool et nous, on respire mieux car on sait que tout sera payé dans les temps. Notre niveau de vie s'est un peu amélioré, pas trop, car nous restons encore un peu sur nos gardes, mais nous sommes confiants. Une de nos amapiennes en retraite, Catherine, s'occupe avec moi de la comptabilité. C'est un don du ciel pour nous, car en plus elle vient en moyenne toutes les semaines, mais quand il faut c'est deux fois dans la semaine (...) Voilà j'ai fait un peu le tour de ce qui se passe ici dans l'Aisne, ah oui une nouvelle AMAP a vu le jour en début de mois grâce à un article paru sur nous il y a un an. Les gens étaient venus nous voir et on a dû les convaincre puisqu'ils ont créé la leur. Alors si un jour vous venez dans le coin, on sera vraiment heureux de vous revoir. On sait que l'on ne maîtrise pas tout, mais grâce à vous on a vraiment changé de vie et pour ça on ne vous remerciera jamais assez.

On vous embrasse, et on attend de vos nouvelles.
Daniel et Sylvie. »

En 2009. Daniel, Sylvie Boitelle et leur AMAP sont malmenés. Une amapienne de la première saison, décide de créer un réseau régional d'AMAP en Champagne Ardennes. Les producteurs de l'AMAP de la Tonnellerie et Catherine, coordinatrice, ne la suivent pas. Dans un climat détestable, certains ne comprennent pas, d'autres sont détournés, bref, l'AMAP est en perdition, Catherine s'investit dans son sauvetage. Elle rassemble les amapiens et nous invite à participer à la réunion où tout va se décider. A l'assemblée générale, voir compte rendu ci-après, nous faisons une remise à plat des fondamentaux du concept, et nous invitons les consommateurs à faire confiance aux producteurs.

Compte rendu de l'assemblée générale extrait de la feuille de chou de l'AMAP, N° 40

« L'Assemblée Générale Extraordinaire s'est tenue le mercredi 26 mai 2010 à Reims en présence de Denise et Daniel Vuillon, fondateurs des AMAP en France. Nous avons été touchés qu'ils aient pu venir à cette AG. Arrivés de Toulon le mercredi à 18 heures, ils sont repartis le jeudi à 8 heures. Avoir leur vision sur ce que doit être une AMAP et son fondement a permis aux adhérents présents de mesurer le rôle que chacun avait à jouer au sein de cette association. Notre chance, car cela en est une, c'est d'avoir pu être formés par eux il y a bientôt quatre ans. Les quelques jours passés aux Olivades à peaufiner notre projet nous ont permis de toujours garder une ligne de conduite afin de vous respecter et de nous respecter nous-mêmes. Nous sommes persuadés que la rencontre que nos adhérents ont faite mercredi dernier sera d'une portée vers des valeurs qui permettront à l'AMAP d'évoluer. Sylvie. »

Suite à ces péripéties, il n'est quand même pas facile de retrouver un nombre d'amapiens suffisant, alors que, pour la ferme, l'enjeu est capital. Mais, le bon état d'esprit est revenu. La ferme continue sa belle reconversion, d'une ancienne économie à la dérive avec le tabac, et les betteraves, vers l'AMAP et la conversion en bio. Ils ont actuellement 5 groupes et essaient d'atteindre les 200 familles, minimum pour la viabilité de la ferme.

Justine, Etienne et Julien, les enfants des Boitelle, ont tous les trois une formation agricole mais n'avaient pas encore leur place sur la ferme. Ils sont très motivés par l'AMAP. Si les amapiens continuent à les soutenir, cinq ans après le début de l'AMAP ils sont heureux de pouvoir s'orienter vers la reprise de la ferme.

De l'élevage industriel à l'AMAP en Maine-et-Loire

En 2005 Daniel intervient dans le Maine et Loire à l'ESA, (Ecole Supérieure d'Agriculture d'Angers), pour sensibiliser sur le concept. Il est aussi invité à faire la visite d'un producteur volailler qui crée la première AMAP « les Goganes » pour sortir du marasme de l'agro industrie.

Alain Chazerault a 52 ans, il est marié à Marie-Andrée qui travaille à l'extérieur. Ils ont deux enfants, Rémi et Marie. Il est producteur volailler et relate sa première expérience, « la transformation et le passage d'une fin de paysan, en renouveau paysan » :

« L'AMAP des Goganes est née en 2005 de la rencontre entre des paysans souhaitant faire évoluer leur système de production vers une agriculture paysanne et durable et des consommateurs désirant être acteurs de leur consommation.

Force est de constater qu'un fossé s'est creusé entre les paysans et les consommateurs :

– Des paysans devenus au fil des décennies, des producteurs spécialisés de produits de base liés à une agro-industrie en phase directe avec des marchés de plus en plus libéralisés. Celle-ci livrant presque exclusivement à la grande distribution restructurée en seulement 5 centrales d'achats.

– Des consommateurs orientés petit à petit vers la grande distribution (85 % de la consommation française) et depuis 10 ans vers les Hard-discount (15 %).

Mais ne paie-t-on pas très chère cette orientation agricole industrielle, intensive et productiviste, réponse à cette situation de monopole de la grande distribution et couplée avec une politique de prix bas ?

Nous pouvons énumérer quelques conséquences désastreuses :
– Une gabegie d'énergie pour des circuits de distribution si longs.
– Une perte d'emplois locaux avec la disparition des paysans autour de nous (-50 % en 25 ans en Maine-et-Loire).

Le piège de la grande distribution et du hard-discount

Ce monopole, lié en plus à une politique de prix toujours plus bas (hards discounts), induit :

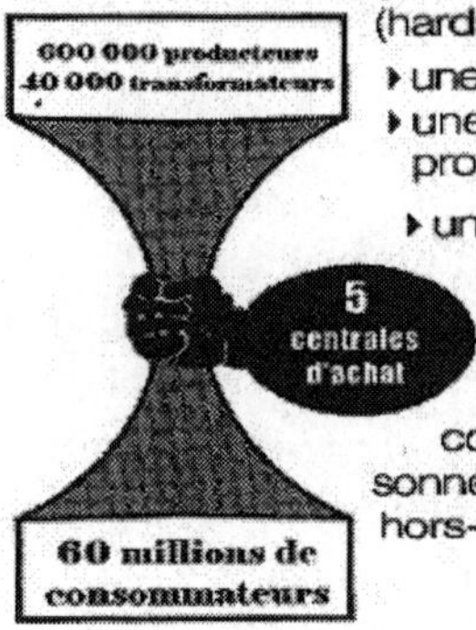

- une pression inacceptable sur les producteurs
- une agriculture industrielle, intensive et productiviste
- une délocalisation de l'agriculture

Outre des conséquences néfastes sur l'environnement et sur la disparition des paysans, ce système oriente le consommateur vers des produits désaisonnés et de moins bonne qualité (les tomates hors-sol par exemple).

– Une pollution des eaux de nos rivières angevines par les nitrates et pesticides.

– Une banalisation et une standardisation des produits alimentaires.

Et pourtant des solutions existent, dans le respect mutuel des paysans et des consommateurs. Produire autrement, consommer autrement, c'est possible. Tour à tour, Daniel Vuillon avec son expérience amapienne, Olivier Hauville (économiste) avec celle du commerce équitable, certains d'entre nous paysans sensibilisés par la Confédération Paysanne sur ce thème, ont permis d'engager la démarche concrète vers la création de l'AMAP.

Et moi, paysan sur une petite ferme angevine, en système très industriel et intensif avec mes 2 000 m2 de bâtiment volailles conventionnelles en intégration avec l'agro-industrie, je viens conforter ce système. Prenant conscience de cela, il me fallait réagir. La démarche que Daniel Vuillon avait faite sur sa ferme maraîchère, je pouvais la faire sur ma ferme de volailles. Je me suis donc défini des nouveaux objectifs :

1 - Produire mieux et moins

2 - Vivre enfin de mon métier

3 - Nourrir mes voisins amapiens

1 - Produire mieux et moins *:*

Cela va déterminer des projets en accord avec les principes d'une agriculture paysanne et durable, c'est-à-dire :

– Désintensifier les productions

– Adopter une agriculture plus économe, plus autonome, qui respecte mieux ses produits, ses hommes et son (notre) environnement

– Puis aller vers la conversion de la ferme en agriculture biologique

Depuis 4 ans, la mise en place de la production amapienne a permis de répondre à ces objectifs, car pour celle-ci il s'agit :

– d'appliquer les principes de l'agriculture biologique

– de fournir de véritables volailles fermières, en les nourrissant avec les céréales de la ferme (triticale, pois, féverole, tourteau de colza), en assurant l'élevage complet et l'abattage du poussin au prêt à cuire sur la ferme

– de produire des volailles de qualité à croissance lente, sur une durée d'élevage longue qui privilégie le goût à la performance

– de proposer de la diversité (poulets, pintades, canards, dindes et oies).

L'AMAP m'a permis de constater aussi, qu'en adoptant ce système très autonome, je conserve toute la valeur ajoutée sur la ferme. La marge par poulet s'en trouve multiplier « 1 poulet amapien dégage autant de marge que 40 poulets industriels ». Soit 6 000 poulets amapiens produits au lieu des 240 000 poulets industriels potentiellement produits annuellement dans les 2 000 m2 de bâtiment avicole de la ferme.

2 - Vivre enfin dignement de mon métier :

Le bilan de 10 ans de système industriel fait apparaître qu'il m'a tout juste permis de rembourser mes emprunts, sans parler d'une juste rémunération à la hauteur du travail demandé (quantité, qualité et astreinte) et des risques encourus aussi bien techniques que financiers.

Le système AMAP, quant à lui, est né d'un accord, fruit d'un partenariat paysan/amapien, c'est :

– Des prix déconnectés de la fluctuation du marché qui permettent

de couvrir les frais réels de production et rémunérer le temps de travail. Un bilan annuel est réalisé et exposé aux amapiens.

– Une prise en compte des aléas de production (souplesse au niveau des dates de distribution, assurance d'1 € par volaille).

– Un rythme de livraisons adapté aux contraintes réelles de travail et d'élevage de la ferme.

– Des frais liés à la vente minimisés (pas d'invendus, gestion des commandes, contrats, paiement, listing assuré par le tuteur amapien, une distribution rapide et simple.

– Un prépaiement (50 %) de la volaille au démarrage de l'élevage, ce qui permet de financer les frais d'élevage et m'évite d'aller m'endetter auprès de ma banque.

3 - Nourrir sainement mes voisins amapiens

N'y a-t-il pas plus belle satisfaction pour moi, paysan, que celle de pouvoir voir la reconnaissance des amapiens « croqueurs de mes volailles ».

Produire sain, c'est-à-dire sans pesticides ni engrais chimiques, est une démarche logique à partir du moment où l'on se rapproche de l'assiette du consommateur. Le démarrage en douceur de la production amapienne m'a permis de voir que c'était faisable. C'est aussi une marche en avant pour laquelle il n'est plus possible intellectuellement et physiquement d'envisager un retour à une agriculture conventionnelle. Ceci ira jusqu'à l'agrément de l'ensemble de la ferme en agriculture biologique. Ce n'est pas le fait d'une demande expresse de la part des amapiens (sécurité) mais l'octroi d'aides, primes PAC (Politique Agricole Commune) d'un montant non négligeable.

L'extrême autonomie de l'alimentation des volailles (céréales de la ferme) apporte aux amapiens une sécurité alimentaire maximum (point de soja OGM ou mélaminé qui aurait de plus traversé la planète entière).

Cela s'inscrit également dans une démarche plus globale issue d'une réflexion paysanne : « Comment nourrir neuf milliards d'habitants en 2050 ?» Voilà le nouveau défi lancé à l'agriculture. Certains agriculteurs vous diront « il faut donc produire plus, certes en le faisant le mieux possible ». Et la machine continue.

Il est vrai que mes 2 000 m2 de bâtiment avicole pourraient potentiellement sortir annuellement 240 000 poulets industriels.

Ceci permettrait donc de nourrir 15 000 personnes à raison de 22 kg/habitants. Mais à quel prix environnemental, social pour ses paysans, de bien-être animal, pour notre santé, pour la qualité de notre alimentation etc.

Quarante fois moins de volailles amapiennes suffisent à me faire vivre. Certes je ne peux nourrir que 700 personnes tout au plus. Mais cela laisse la place à 39 autres paysans.

De plus vouloir surproduire dans certaines régions pour exporter vers d'autres peuples à l'autre bout du monde, cela ne marche pas. Depuis la libéralisation des marchés alimentaires et agricoles (accords pris lors de l'Uruguay Round de 1992 par l'Organisation Mondiale du Commerce), les échanges ont explosé. Le but d'éradiquer la faim dans le monde a échoué, de 800 millions d'affamés dans le monde nous sommes passés à 1 milliard depuis 10 ans. Il est donc plus que nécessaire de soutenir l'installation d'une agriculture vivrière paysanne locale, partout où c'est possible, et en plus en agriculture biologique.

C'est ça l'AMAP. Toute démarche en ce sens est bénéfique, si minime soit-elle (souvenez-vous de l'histoire du petit colibri de Pierre Rabhi).

En conclusion je dirais que : « L'AMAP m'a permis de retrouver un sens à mon métier de paysan ». La ferme des Harbaux située en Anjou se caractérise par :

– 28 ha (terre à faible potentiel) de polyculture, 18 ha de céréales (blé, triticale, avoine, orge, pois féverole, colza) en partie consommées par les volailles amapiennes, 10 ha de prairies faits en foin (vendu). La conversion en bio des terres est démarrée depuis 2008.

– 2 000 volailles fermières en partenariat avec 170 familles amapiennes (Amap des Goganes, de la Gogane Nantaise et celle de Naturamaporte).

– 2 000 m2 de bâtiment avicole contenant des dindes, pintades classiques en contrat avec une coopérative. L'agrément de l'ensemble de la ferme en agriculture biologique réduit cette partie à 800 m² seulement (production en volaille biologique évidemment).

Et je remercie les amapiens partenaires pour leur soutien et leur confiance.

En Maine et Loire, après Alain Chazereault, Dominique Baudouin et Francine Freulon accompagnent toutes les autres créations. Une autre AMAP avec Alain Guffès éleveur de cochons, le maraîcher Vincent Favreau, puis, la « Goutte d'Eau » en 2006. Aujourd'hui, une cinquantaine de producteurs, est soutenue par de nombreux amapiens dont la solidarité va jusqu'au financement de projets professionnels agricoles sous forme de prêts.

Les agriculteurs de la mer en AMAP sur l'île d'Yeu

Le 5 décembre 2009, Nous sommes invités par le maire d'Yeu, pour aider les pêcheurs de l'île à écouler leur poisson qui ne se vend plus. Pourquoi ce pêcheur de l'Atlantique fait-il appel à des maraîchers, certes très proches de la mer Méditerranée mais assez éloignés des problématiques de la pêche en général ? La réponse est contenue dans le processus de nos interventions. Nous proposons d'associer à notre visite, des consommateurs de Nantes, nos essaimeurs locaux, du « collectif des AMAP 44 ». Les Nantais ont la réputation de manger beaucoup de poissons. Mais, à l'heure actuelle, dans le commerce, il n'y a plus de transparence dans l'achat du poisson et ne pas savoir d'où il vient quand on habite si près du lieu de pêche est un peu frustrant. Nos mangeurs Nantais sont partants. La présentation et la visite de l'île, les problèmes insulaires généraux et ceux de la pêche remplissent la matinée. L'après-midi est consacré aux pêcheurs de l'île, groupés en collectif. Après les présentations, ils abordent le principal sujet : la recherche d'une alternative économique. Victimes de la pêche industrielle, et de la mondialisation, ils sont prêts à modifier considérablement leur commercialisation, pour distribuer, en direct, et en AMAP, les fruits de leur pêche. Toutes les données professionnelles, factuelles et conjoncturelles sont mises à plat. C'est à ce moment-là, qu'il faut poser les bases essentielles du partenariat, donner le vrai sens à l'action des consommateurs et à leur mobilisation. Je dis aux mangeurs : « *Si vous partagez l'idée de maintenir ces pêcheurs traditionnels, et tout ce que cela représente pour l'île, vous avez la solution entre vos mains.* » L'organisation nécessaire, en amont, par les « mangeurs », pour la concrétisation du projet est énorme. Mais il faut insister sur le poids social de leur action solidaire, pour surpasser les nombreuses contraintes matérielles et leur investissement humain et bénévole.

L'AMAP est atypique : 250 familles à regrouper par semaine, un lieu d'accueil central de la distribution, chacun gère une quantité de poisson, au mois etc. Mais, quel challenge !

Les pêcheurs sont obligés de se réapproprier toute la filière pour développer leur réseau de vente directe. Ils s'organisent pour :

– Se rapprocher du collectif des 83 AMAP de Loire Atlantique[24], pour proposer un contrat type

– Rencontrer les mangeurs sur Nantes et expliquer en quoi leur pêche respecte les ressources naturelles et n'est pas à l'échelle des pêches industrielles si dévastatrices pour la faune marine. Parler des aléas de la pêche et des sorties aléatoires.

– Acheter leur propre poisson à la criée en créant un Groupement d'Intérêt Economique

– Conditionner le poisson en colis de 3 kg, et embaucher un prestataire de service.

– Louer puis acheter un camion frigorifique pour distribuer le poisson.

Côté mangeurs, Dominique de Nantes, s'investit dans le montage du projet. Il lui faut réunir un groupe de mangeurs engagés pour sensibiliser et participer à l'énorme organisation.

Trouver des lieux de distribution d'AMAP existantes aux six points de l'agglomération nantaise. Constituer des groupes de cent familles minimum par l'utilisation du site Internet avec le contrat directement téléchargeable en ligne. Organiser la distribution de 450 kg de poisson, par semaine, en tournant sur six lieux de distributions. Six mois après la première rencontre, une première distribution/test a lieu en juin 2010, 4 distributions sont prévues pour que les pêcheurs se rôdent à la logistique avant de se lancer en contrat pour 6 mois.

Janvier 2011 date de la première livraison en contrat AMAP. Il faut souligner que le projet se réalise dans le respect des propositions de départ des pêcheurs. Le partenariat AMAP avec 4 pêcheurs, permet d'écouler 20 % de leur pêche.

---

[24] Collectif des AMAP 44 – http://www.amap44.org/amap44/amaapps-poissons

Contrats AMAP avec une coopérative d'agrumes en Corse

C'est à l'occasion d'une rencontre des essaimeurs qu'une nouvelle solidarité s'est créée.

Suite à la mise en place de la première AMAP en Corse, l'occasion nous a été donnée de faire la connaissance de Brigitte, la directrice d'une coopérative, Alimea[25], composée d'une vingtaine d'adhérents de producteurs d'agrumes bio corse. Nous avons gardé le contact avec Brigitte et régulièrement nous avons échangé sur nos engagements respectifs dans les AMAP et sa coopérative.

En Septembre 2009, elle nous informe que la situation de la coopérative devient difficile avec la concurrence due à la mondialisation du bio dans les agrumes. A tel point qu'au printemps, les cours étaient si bas qu'ils ne payaient même pas le ramassage des pomelos qui sont donc restés sur les arbres. Le moral de ses adhérents est au plus bas et certains d'entre eux envisagent d'abandonner leurs vergers.

Au cours d'une réunion pour les missions d'essaimage en Europe de l'Est, Daniel propose que la rencontre des essaimeurs de CREAMAP se fasse en Corse. Après la réunion nous rencontrons la coopérative pour étudier la possibilité pour les AMAP du Continent de mettre en place un soutien économique aux producteurs d'Alimea. La rencontre a abouti à la formalisation de contrats-type AMAP pour des livraisons d'agrumes et fruits corses. Les huit Régions représentées ont engagé la campagne 2009-2010, soit quarante tonnes de fruits.

Le succès de cette initiative permet de doubler le nombre de contrat pour la campagne 2010-2011 et assure ainsi l'écoulement de 80 tonnes de fruits dans les AMAP.

Le moral des producteurs est revenu et certains envisagent des plantations pour diversifier les productions.

---

[25] Coopérative Aliméa : http://www.alimea.fr

Un exemple d'achat collectif de terre

En région Bordelaise

Les exemples de préservation des terres par l'achat collectif se multiplient en France. Ils sont souvent liés à l'installation d'un agriculteur, ce qui donne son vrai sens à l'action. Nicole est amapienne essaimeuse, elle accompagne des projets d'AMAP avec son cœur de fille de paysans.

Son témoignage, c'est l'histoire citoyenne de l'achat de terres agricoles par CATA 33 [26] (collectif achat de terres agricoles) et de l'installation d'un jeune maraîcher, en Gironde :

« *A l'initiative d'une AMAP en Gironde en 2004, les deux pieds dans la terre du Lot et Garonne depuis ma naissance, je rejoins un groupe de militants en recherche d'alternatives à la consommation... Nous menons une réflexion lors du Forum Social Local de mai 2006, sur la création d'AMAP et de circuits courts de consommation.*

Très vite se pose un dilemme : demande locale importante de consommateurs, manque criant de maraîchers autour de Bordeaux. La ceinture maraîchère a disparu, les Pouvoirs Publics l'ont bétonnée, urbanisée. De ce fait, le coût du foncier agricole est exorbitant, désormais nos légumes viennent au mieux de Dordogne, de Charente, du Lot et Garonne.

Afin de poursuivre cette réflexion, nous organisons des Petits-déjeuners Débats le dimanche matin, au cinéma Utopia : un succès. ! Consommateurs en AMAP, futurs « mangeurs », tout ce monde réfléchit, se questionne sur l'Agriculture.

Comment revenir à une agriculture de proximité, comment installer de manière durable des maraîchers pour fournir les AMAP ?

Nous élargissons le débat en organisant des soirées autour de films, de témoignages. Pour la première soirée à l'Utopia, sur le thème « les paysans dans nos vies », nous avons invité Denise et Daniel Vuillon. Paysans de toujours, ils nous seront d'un soutien précieux. Au cœur de la terre nourricière, porteurs de ce concept

[26] CATA33http://collectif.terres.free.fr/

formidable qu'est l'AMAP, ils nous accompagneront jusqu'à l'installation de Julien et même ensuite... Nous avons conscience au cours de cette soirée, après la projection d'un film formidable, « Paul dans sa vie », que les paysans sont dans nos vies. Il est impensable qu'ils disparaissent !

En novembre 2006, un groupe se constitue autour de l'idée « rachetons collectivement des terres afin d'installer un paysan ». Utopie ? Rêve ? Cela doit devenir possible, réalité... Pendant deux ans, 10 personnes vont se retrouver régulièrement pour affiner la démarche. Un collectif est créé, un nom retenu : CATA33, Collectif Achat de Terres Agricoles, en Gironde. Humour ? Provocation ? Allons-nous à la catastrophe ? Misère de la paysannerie, crise alimentaire, crise écologique... Enrayons la catastrophe !

L'année 2007 est consacrée à la rédaction des statuts. Des débats fondamentaux vont agiter nos réunions :

Quels statuts pour l'agriculteur que nous allons installer ?

Quelle rémunération pour notre associé ?

Quelle forme juridique choisir ?

Des parts à quel prix ?

Très vite, nous rédigeons une charte, et définissons nos objectifs : «Faciliter l'accès de la terre à ceux qui la cultivent » ; « maintenir une agriculture vivrière et un savoir-faire paysan » ; « lutter contre l'agriculture productiviste et la spéculation foncière. »

La charte rédigée et nos objectifs définis, nous pourrons être repérables pour aller à la rencontre des citoyens et des institutions... Il faut que nous soyons crédibles ! UTOPIQUES, certes, mais fiables et compétents. C'est ainsi que, très vite, nous faisons appel à un juriste, spécialisé dans le foncier agricole. Nicolas B. nous accompagnera tout au long de notre projet. Il va mettre ses compétences à notre service, tout en respectant nos idées, que nous devrons ajuster aux exigences de la loi.

La nature du projet se dessine. Il nous manque toujours la terre et le paysan... Tout en battant la campagne, nous rédigeons les grandes lignes de ce projet.

Ce sera un achat collectif, dont l'agriculteur pourra devenir propriétaire s'il le souhaite. Ce patrimoine collectif pourra ainsi devenir propriété privée. Le devenir de la terre achetée est une question fondamentale : l'agriculteur qui le désire doit pouvoir racheter la terre qu'il travaille. Cette démarche est autant une démarche de soutien à l'Agriculture paysanne qu'un soutien aux paysans : de quel droit pourrait-on demander à un paysan en fin d'activité de quitter la terre qu'il a cultivée !

En décembre 2007, nous rencontrons Julien. Il est à la recherche d'une exploitation pour y faire du maraîchage, après une formation agricole et une spécialisation en Bio. Il est employé maraîcher et élagueur et rêve de trouver un lieu où s'implanter. Ses recherches n'aboutissent pas : terres trop chères, inaccessibles, non viables... Notre démarche l'intéresse. Il sera acteur de son projet et intègre le collectif, participant à tous les débats, toutes les rencontres...

Les statuts sont rédigés, la structure juridique est retenue : ce sera une SCI, Société Civile Immobilière, avec un fort esprit coopératif. Chaque sociétaire sera porteur d'une voix, indépendamment des sommes investies, sans position prioritaire sur les futurs légumes, sans dividende à la clef... un acte citoyen politique. Les parts sont fixées à 100 €.

Si l'esprit est coopératif, la gestion (de la SCI et du projet, récolte des fonds, gérance) sera entièrement assurée par le collectif : le groupe vigilant tient à rester maître de la réalisation ce qui en fera sa force et sa crédibilité, « intimement convaincu » que les citoyens nous suivrons dans cette aventure.

Malgré quelques turbulences et quelques souffrances, la rigueur et la volonté l'emporteront ! 2008 sera une année décisive. En février, une propriété s'offre à nous. Nous rencontrons les vendeurs, une association d'insertion, « Les jardins solidaires », qui a abandonné l'exploitation du lieu depuis plusieurs années.

Les Terres du Fougueyra, magnifique propriété de 10 hectares en bordure de la Dordogne, déjà en maraîchage Bio, avec une maison d'habitation, des bâtiments agricoles, des serres, un réseau d'irrigation... site magnifique qui comble toutes nos attentes. Les critères pour l'installation pérenne et confortable d'un jeune agriculteur sont ici réunis. Nous n'avons plus qu'à foncer ! Le coût global, de 200 000 euros, n'est pas une mince affaire pour des novices. Des compétences supplémentaires deviennent incontournables : notaire et comptable vont se joindre à nous. Efficaces et généreux, chacun à leur poste, ils ne compteront ni leur temps ni leur peine. Leurs conseils seront précieux. La promesse d'achat doit être signée au plus vite... nous n'avons pas le moindre centime !

L'achat de la propriété va se faire de la manière suivante :

Le Foncier agricole est acheté par la SCI CATA33. La maison d'habitation achetée par M. et Mme Bonnet (parents de Julien) les bâtiments et le matériel agricoles achetés par Julien Bonnet.

Désormais, liés par le désir que ce projet aboutisse, ces trois partenaires poursuivront ensemble les démarches à venir. Le 12 mai 2008, nous nous rendons à l'étude de la Notaire, et prenons alors vraiment conscience de la prochaine étape : signature du sous-seing privé, puis de l'acte d'achat. Et pour cela, il nous faut au plus vite réunir les fonds nécessaires (coût du foncier pour la SCI CATA, 65 000 €), plus les frais.

Comment ? Madame la notaire est sceptique, « radio Tam-Tam » lui paraît une méthode un peu utopique et aléatoire ; elle demande à voir : comment un collectif de dix personnes peut rassembler cette somme, simplement en informant, sollicitant, associant...

Nous allons dans le même temps, rencontrer la SAFER, (Société d'Aménagement Foncier d'Etablissement Rural, créée en 1960) institution incontournable. Nous sommes reçus avec méfiance. Le dossier de Julien est complet. Il remplit toutes les conditions nécessaires à son installation, et est même prioritaire quant à l'acquisition de cette propriété. Nous apprenons cependant qu'un fils de viticulteur pourrait être intéressé, donc rien n'est sûr. Nous sommes en Gironde, hors de la vigne, point de salut...

Il nous faudra attendre deux mois après la signature du sous-seing pour être sûrs qu'il n'y a pas préemption. Actuellement nous travaillons en concertation.

Les soirées publiques vont s'enchaîner, dont la première à l'Utopia, afin de présenter au grand public notre projet. Le film « Bio attitude sans béatitude[27] » nous sert de support au débat. Daniel et Denise Vuillon sont là, ils ont fait le déplacement, enthousiasmés par le projet !

La soirée se déroule au mieux : salle comble, public attentif, débat intéressant. 200 promesses d'achat de parts sont récoltées !

---

[27] *Bio-Attitude sans Béatitude,* film documentaire de Olivier Sarrasin, DVD disponible real-productions.net

Inespéré ! Nous sommes de plus en plus convaincus que préserver des terres nourricières, ainsi que le savoir-faire des paysans n'est plus une utopie ; le citoyen est touché par cette problématique, certains sont très conscients, d'autres prêts à être convaincus.

Le 11 juin 2008, les statuts de la SCI sont déposés au Greffe du Tribunal. Les dix membres du Collectif en seront les premiers sociétaires. Le 8 juillet 2008, la promesse de vente est signée devant notaire à Libourne, acte fondateur, étape décisive vers l'aboutissement du projet. 215 souscripteurs sont déjà engagés et nous promettent alors 50 700 €. Pour finaliser l'opération, nous souhaitons 80 000 €.

Pendant cette période, les compétences techniques et personnelles de Françoise, Hervé et Nicolas, notaire, comptable et juriste, nous sont très utiles. Nous multiplions échanges et rencontres, nous sommes enfin au cœur de la réalisation, même si tout le travail en amont était indispensable. Personne ne compte sa peine ni son énergie à convaincre : réunions publiques, concert, stands, médias, il faut que l'information circule, que le message soit entendu : « Construire ensemble le monde dans lequel nous voulons vivre ».

Nous intéressons la télé, les journaux. En cette période, qui n'est pas Bio ? Qui ne veut pas sauver le Paysan ? La planète ? Notre affaire intéresse, des titres accrocheurs s'affichent dans la presse : « enfin une terre à cultiver », « quelle agriculture dans nos assiettes ? » Le Journal du Dimanche titrera « on peut changer les choses ».

Le samedi 11 octobre, nous invitons sur les terres du Fougueyra, les futurs sociétaires et les personnes informées, curieuses, alertées. Le Maire du village nous ouvre les portes de la salle communale ; film, débat, présentation du projet, la mobilisation s'amplifie. Julien réalise que son rêve devient réalité... il commence à débroussailler son futur domaine.

Dans le même temps, nous nous penchons sérieusement sur la rédaction du bail qui régira le fermage de Julien : ce sera un bail à ferme avec des clauses environnementales. Sécuritaire et protecteur pour Julien, il le sera aussi pour l'environnement et pour la biodiversité. Ce bail sera notarié : sérieux, rigueur, surtout pas d'erreurs... Les réunions du collectif sont très animées, nous touchons au but.

Deux mois plus tard, le 30 décembre 2008, nous signons l'acte d'achat. Nous possédons environ 70 000 €, somme suffisante pour réaliser l'opération. Nous arrêterons la collecte des parts à 80 000 €. 374 associés sont alors partie prenante du projet, qui est désormais fondé. Julien et Céline prennent possession des lieux...

Le 12 mars 2009, le bail est signé à Fougueyra. Soirée festive... Que du bonheur... Julien est installé !

Quatre cogérants, désignés par le collectif seront signataires de tous les actes officiels. Epilogue...

A ce jour d'octobre 2009, cette histoire, avant tout humaine, à travers une dialectique permanente entre le collectif et l'individuel, a permis à chacun de réaliser un bout d'UTOPIE, dans un projet collectif. Nous avons pu, au cœur de ce système économique mortifère, remettre de la logique coopérative, sortie de la logique individuelle, réaliser un projet citoyen vivant.

Rencontres et fêtes sur le terrain perpétuent l'implication de chacun, la mobilisation se poursuit, le « rêve » continue d'exister. Pendant ce temps, Julien et Céline ont mis en valeur la propriété : les légumes poussent à souhait, ils nourrissent 40 familles d'Amapiens tout proches de la ferme. Des paniers diversifiés et généreux font le bonheur des « mangeurs », qui, pour la majorité, découvrent le projet dans leurs paniers. De nouveaux acquis à la cause !

Ce projet achevé en appelle d'autres, ici et ailleurs... Vous pouvez, vous aussi, être de nouveaux acteurs. Parce qu'il est peut-être urgent d'agir, ici et maintenant !

Nicole CECCHIN, membre du collectif CATA33. »

Les AMAP dans le monde

Le colloque international de 2004 à Aubagne est l'événement qui a servi de point de départ à la transmission du concept en France et dans le monde. Il nous faut revenir au rôle d'Edith, notre fille aînée, dans l'histoire de l'AMAP. Ses recherches sur le concept, l'amène à rencontrer les acteurs de tous les partenariats producteurs consommateurs dans le monde entier. Elle garde ces liens et envisage de les faire tous participer à une rencontre internationale qui a lieu en février 2004.

La communauté d'agglomération d'Aubagne est partante et met à disposition le Centre Agora pour accueillir l'événement. Le Conseil régional PACA et l'Europe financent ce colloque, Edith dirige les opérations. L'événement a attiré plus de 500 personnes de toute la France, alors que le concept n'était développé qu'en Provence. 50 bénévoles des AMAP de Provence se sont dévoués et les 12 délégations étrangères ont été accueillies et hébergées chez l'habitant. Le moment le plus émouvant de ces rencontres, est le témoignage de chaque délégation en séance plénière.

Chacun raconte son histoire, producteur et consommateur, avec simplicité, franchise et ému de se retrouver là, devant tant de monde, étonné de l'intérêt que l'auditoire porte à son histoire. Nous vivons à des milliers de kilomètres et nous découvrons une synergie dans nos expériences qui se ressemblent. Nous sommes tous dans le partage et nous défendons tous la Terre Mère nourricière. Les échanges sont riches. Quelque chose de très fort s'est passé.

L'impact de ces rencontres et des témoignages a déclenché la création d'initiatives locales partout en France sur des bases fondamentales saines et originales.

De ces contacts, en France, des liens sont nés et font toujours partie de CREAMAP. L'information intéresse les médias qui font largement écho du colloque. Le lien existe encore aujourd'hui entre ces producteurs et ces citoyens grâce à la communication, la mutualisation des expériences et la méthode d'accompagnement entre les agriculteurs acteurs de leur AMAP.

Les actes de ce colloque n'ayant pu être édités, cela me paraît important de rendre compte de cette dimension planétaire du concept. Nous n'avons que trois années d'expériences d'AMAP, nous sommes heureux d'avoir devant nous les fondateurs des premiers partenariats locaux producteurs consommateurs.

Les Teikei ont une trentaine d'années, nous pouvons comparer nos bases éthiques et évaluer notre méthode d'aide à la création d'AMAP. Nous avons bien fait de suivre les conseils de Just Food. Nous avons eu la preuve qu'en imitant la CSA Roxbury farm, elle-même basée sur les principes du Teikei, nous étions sur la bonne voie. Les Teikei sont encore très nombreux au Japon et 25 % des Japonais sont dans ce type de système.

Nous remercions tous Edith d'avoir permis ces rencontres et ces échanges d'expérience.

Le Japon, pays précurseur du concept intervient en premier. Tout d'abord Monsieur Shinji Hashimoto, agriculteur biologique en Teikei, et ensuite Madame Hiroko Kubota, Directrice Générale de la JOAA Japan Organic Agriculture Association. Elle nous présente le mouvement Teikei qui a démarré approximativement dans les années soixante-dix et les grandes lignes du concept Teikei.

Les 10 principes du Teikei

– Construire une relation amicale et créative et non pas simplement une relation commerciale entre partenaires.

– Produire en fonction d'un plan de production préétabli basé sur un accord entre le producteur et les consommateurs.

–Accepter tous les produits que le producteur cultive et livre aux distributions

– Etablir les prix dans un esprit de bénéfice mutuel.

– Approfondir la communication pour un respect mutuel et dans la confiance.

– Organiser les distributions afin qu'elles soient autonomes, menées soit par le producteur soit par les consommateurs.

– Etre démocratique au sein des activités du groupe.

– Participer et être sensibilisé aux problèmes rencontrés par la culture biologique.

– Maintenir les membres de chaque groupe en nombre suffisant.

– Continuer à évoluer, même lentement, vers le but final qui est de produire une agriculture biologique saine et respectueuse de l'écologie et de la vie.

Vient ensuite la délégation de Californie avec la CSA d'Any Main productrice et Karen.Heisler consommatrice. Nancy Vail et Jered Lawson, un couple de chercheurs de Santa Cruz qui ont maintenant une ferme éducative en CSA, remarquable : « Pie Ranch ».

Puis, le Québec et la ferme « Cadet Roussel » en ASC : Agriculture Soutenue par la Communauté. Nous sommes tous émus par l'histoire et le récit de l'expérience de Jean Roussel sur sa ferme Québécoise, Luiz Moura initiateur d'une CSA au Brésil et de « l'Alliance Sociale » à Fortalezza. Certains pays ont des expériences uniques comme l'Allemagne, le Danemark. L'Ecosse est représentée par un producteur et un consommateur. La Suisse nous expose un partenariat vieux de vingt ans appelé « Jardins de Cocagne » où le producteur est salarié d'un groupe de gens qui sont propriétaires du terrain et reçoivent un panier de légumes par semaine.

Au cours de ce chaleureux colloque, chacun éprouve une forte envie de prolonger les échanges et de reproduire ces expériences selon ces histoires de vies liées à l'agriculture et la nourriture, pour nos enfants et nos petits-enfants.

L'essaimage international et Urgenci[28]

Suite au premier colloque il est convenu de mettre en place les bases du réseau international regroupant tous les pays où les partenariats locaux producteurs/consommateurs existent. Nous créons le comité international « Urgenci ». La ville d'Aubagne et la communauté d'agglomération mettent à disposition le siège social d'Urgenci. Au début de sa création Urgenci a pour principale mission l'organisation des colloques, rencontres internationales des partenariats, tous les deux ans. Les actions de ce réseau seront principalement axées sur ce qui nous tient à cœur : la transmission du partenariat et l'aide à la création d'une dynamique locale et agro écologique en Afrique, au Maroc et dans les pays de l'Est. Partout où nous pouvons intervenir, en amont de tout projet de ce type,

[28] URGENCI : Le réseau Urbain-Rural Générer des Echanges Nouveaux entre Citoyens

nous apportons notre expérience de l'essaimage du concept dans l'état d'esprit initial.

Urgenci nous a donné les moyens de le faire. Pour ma part, et pour la première fois, dans les pays de l'Est, en Roumanie.

Pour Daniel en Afrique de l'Ouest et ensemble nous avons contribué à initier le concept au Maroc.

Daniel, est encore vice-président d'Urgenci quand en février 2010 nous sommes invités à assister au « Symposium international de Kobé ».

Nous faisons des visites de fermes dont celle de Shindji Hashimoto le producteur en Teikei que nous retrouvons. Nous visitons les divers systèmes de groupements de consommateurs qui ont évolué vers d'énormes coopératives qui achètent aux producteurs locaux. Leur devise à tous : faire en sorte que leur paysan soit toujours là l'année prochaine.

Visite de M. Hoshi et Mme Ishii aux Olivades
(Photo de Mme Ishii)

Nous retrouvons aussi Madame Sashiko Ishii, la consommatrice en Teikei que nous avions reçue en 2003 aux Olivades, elle nous sert d'interprète. Après le symposium, nous sommes très honorés de partager une soirée festive où Monsieur Hoshi, reçoit le titre honorifique japonais du plus vieux producteur en Teikei. Pour cela Monsieur Hoshi demande de partager sa distinction avec Daniel Vuillon premier producteur en AMAP de France.

Encore une fois, grâce aux contacts avec les Japonais dans ce concept nous constatons que nous partageons les mêmes bases avec le même souci de maintenir le paysan.

Pourtant nous arrêterons nos actions d'essaimage dans Urgenci après le dernier colloque au Japon en 2010. En effet dans Urgenci, comme dans d'autres structures, encore une fois, les orientations nous éloignent de nos actions de terrain et de notre méthode. Le jour de l'assemblée générale à Kobé, Daniel se verra proposer un titre honorifique celui de Président d'Honneur mais ne fera plus partie du Comité Directeur.

AMAP dans l'Europe élargie

En 2008, 2009 et 2010, Urgenci mène une action de sensibilisation et d'aide à la création de partenariats locaux producteurs consommateurs de type AMAP dans 10 pays de l'Europe de l'Est.

Une aide de la Fondation de France permet à Urgenci de faire cette action dans les Pays d'Europe de l'Est dernièrement entrés dans la Communauté Economique Européenne et au Maroc. Il s'agit de la Bulgarie, l'Estonie, la Lituanie, la Lettonie, la Hongrie, la Pologne, la République Tchèque, la Roumanie, la Slovaquie et la Slovénie.

CREAMAP, le Centre de Ressources pour l'essaimage des AMAP en France fournit les binômes essaimeurs producteurs-consommateurs pour accompagner les pays intéressés par le concept. Leur expérience de l'AMAP en France leur permet de remplir ces missions. Ils viennent du Var et de la Provence, de la région d'Angers, de Toulouse, Bordeaux, Mulhouse et de l'Essonne. C'est ainsi que trois binômes de Provence, deux de Midi-Pyrénées, deux du Pays de Loire, un d'Ile de France, un de Gironde et un d'Alsace se répartissent les Pays à rencontrer.

Il y a des missions aller, puis des missions retour où les personnes ressources des pays rencontrés viennent à leur tour voir fonctionner l'AMAP en France.

Des initiatives vont naître, plus ou moins vite, suivant le dynamisme des personnes-ressources rencontrées et le contexte plus ou moins favorable dans leurs pays. Certains étaient prêts, des systèmes de partenariats locaux se sont mis en place. D'autres ont adapté au contexte local des initiatives et des projets latents dans le domaine de la vente directe, de l'agriculture biologique ou du regroupement de petits producteurs.

AMAP à Saint-Pétersbourg

Avec Urgenci, Daniel participe à l'atelier biodiversité avec l'Institut Vavilov à Saint-Pétersbourg où se trouve un conservatoire exceptionnel de semences comprenant non moins de 7 300 variétés de tomates, 9 000 de pommes de terre, etc. Il raconte :

« *En 2007, après la visite stupéfiante du conservatoire je demande à notre interprète, Helena, s'il est possible de rencontrer des paysans des environs de Saint-Pétersbourg. Nous nous rendons sur le marché couvert mais une commerçante nous informe que les paysans ne font pas de vente directe en cette saison appelée « les nuits blanches ». Ils n'ont plus le temps, trop pris par leur jardin en folie à cause de la longueur des jours (plus de 20 heures au mois de juin !). Par contre ils viennent devant le marché, entre 5 et 6 heures du matin et les commerçants leur achètent alors leurs productions.*

Rendez-vous est donc pris avec Helena à 5 heures le lendemain. Là beaucoup de monde attend l'ouverture du marché. Je demande à Helena de trouver un agriculteur vivant à 100 % de ses productions. Elle part à la recherche et revient au bout d'un moment, réjouie d'en avoir trouvé un. Nous allons le saluer mais le moment est mal choisi pour faire connaissance, il doit vendre sa marchandise et je lui demande s'il est possible de le rencontrer chez lui sur son jardin et au moment où cela le dérange le moins. Un rendez-vous est fixé, à partir de 18 heures et on se sépare jusqu'au soir. Avec la voiture d'Helena, on se rend sur sa ferme à une vingtaine de km du Centre-Ville. Il dit à ma traductrice ne pas très bien comprendre ce qui peut intéresser ce français sur son jardin. On visite ses cultures, on prend même un orage et il nous raconte la concurrence de la toute nouvelle grande distribution, Auchan et Carrefour, qui tire continuellement les prix vers le bas au point de se demander s'il va pouvoir continuer pendant longtemps. Je lui explique alors le concept de l'AMAP en partant de ma propre situation, identique à la sienne et comment j'ai trouvé dans ce concept-là le moyen de pérenniser mon activité. Il comprend et se positionne comme partant pour essayer, n'ayant de toute façon pas grand-chose à perdre.

En revenant vers la ville, Helena qui avait tout traduit et tout compris, nous dit qu'elle aussi est intéressée en tant que consommatrice par ce concept. Alors je la charge d'organiser avec ses connaissances une réunion producteur-consommateurs lors de notre prochaine venue pour septembre 2007.

Nous revenons en septembre avec une délégation élargie à Annie et Pierre de Midi-Pyrénées, Judicaël, le semencier d'Agrosemens[29]*, Joseph Richard d'Urgenci et moi-même.*

Nous revenons avec 50 variétés potagères de l'Institut après l'avoir à nouveau visité ainsi que le centre de reproduction de semences dans la banlieue de la ville. En 2010 le centre a été menacé de fermeture pour la réalisation d'un projet immobilier, heureusement repoussé grâce, entre autre, à une grande mobilisation internationale.

Helena n'a pas oublié la réunion producteur-consommateur. Elle a la bonne idée d'en parler à son pédiatre qui demande à sa secrétaire d'inviter les jeunes parents de ses patients à se rendre à cette rencontre. Il dit à Helena être confronté à de nouvelles maladies d'enfants comme les allergies et l'obésité qui elle, est certainement liée au changement brutal d'alimentation. Il est donc attentif et intéressé par tout ce qui peut apporter une solution aux problèmes de santé des enfants.

Un samedi après-midi, les chercheurs de Vavilov, bien que très sceptiques sur les chances de succès de cette rencontre, mettent à disposition, leur plus belle salle.

Liouba, agricultrice éleveuse et sa famille sont présentes. Notre maraîcher, malheureusement malade, n'est pas là. La salle se rem-

---

[29] Agrosemens produit et vend des semences bio – http://agrosemens.com

plit petit à petit de jeunes couples de jeunes, tous clients du pédiatre. Après une explication sur le concept, ils se sont tous mis à parler ensemble et décident de faire l'expérience avec Liouba. Une première distribution a lieu le mardi suivant, soit trois jours après !

Les chercheurs de Vavilov sont suffoqués, et nous, aux anges, d'autant qu'à la question : pensez-vous que ce concept puisse être durable ici, les jeunes mamans répondent avec un sourire rayonnant : « C'est notre rêve qui se réalise. »

AMAP à Timisoara

L'AMAP a été présentée comme une des actions soutenues par le Conseil de l'Europe, à travers l'Inter Réseau Européen des Initiatives Ethiques et Solidaires : « IRIS » dont Urgenci est un des membres.

En octobre 2007, dans le cadre d'une opération « Territoire responsable » à Timisoara en Roumanie je suis invitée à sensibiliser et aider à mettre en place une expérience d'AMAP dont la traduction donne le nom d'ASAT : Association pour le Soutien de l'Agriculture Paysanne. C'est encore une interprète, Mihaela Vetan, qui deviendra à la fois personne-ressource du projet d'ASAT par son implication personnelle, et coordinatrice du « Projet Pilote de Territoire Responsable » à Timisoara.

Le matin, dans le cadre de la réunion du groupe de travail sur l'inclusion sociale et la lutte contre la pauvreté, je présente le concept AMAP, l'histoire de la 1re AMAP, et son expansion en France. J'explique la situation de l'agriculture française, mondialisée et comment l'AMAP peut apporter une solution au problème de l'agriculture autour des villes. Il n'y a pas de producteur présent à la réunion.

L'après-midi, les marchés de ville étant ouverts toute la journée, je demande donc à rencontrer des maraîchers qui viennent vendre à Timisoara. Nous allons les voir, pour leur parler de l'AMAP et de notre expérience française. Mihaela assure la traduction. Un des maraîchers, Ioan Jivù est intéressé. Nous garderons le contact à distance et ensemble nous entamerons un processus d'essaimage qui au total nécessitera quatre voyages.

En décembre 2007 je présente le concept au Ministère du Travail à Bucarest. Je profite de l'occasion pour transmettre à Mihaela les outils de fonctionnement de l'AMAP. J'aborde avec elle la composante économique. Les rapports entre consommateurs et producteur, les forces et les faiblesses du concept. Elle a tous les éléments pour regrouper les personnes intéressées. Elle entretient le contact pour assurer le soutien à l'agriculteur.

Notre première rencontre avec les Roumains a plus d'un an quand le producteur, et deux consommateurs personnes-ressources sont invités à assister au 3e colloque d'Urgenci à Aubagne en janvier 2008. Monsieur Jivù découvre la dimension internationale du concept par les divers témoignages. Il lui fallait bien cela. Il avait encore quelque crainte sur la possibilité de réaliser le projet, il n'y croyait pas trop, aussi, à la fin du colloque a-t-il déclaré.

« Bon, trouvez-moi des consommateurs et je veux bien essayer l'ASAT. »

Pour avancer dans la construction du projet, il nous manque l'évaluation de la ferme. En mai 2008 je retourne à Timisoara. Avec Mihaela et deux consommateurs nous allons visiter l'exploitation de M. Jivù, la ferme se situe à Blint, à 50 km de Timisoara.

Professionnellement, il a du savoir-faire, il est même heureux de pouvoir revenir à une agriculture familiale qu'il a connue mais l'URSS l'en avait séparé. Comme bon nombre de familles roumaines, il récupère son petit bien, en général 3 000 m2 autour de la maison qu'il remet en culture. Il acquiert 5 ha voisins qu'il cultive pour l'instant, en pommes de terre et en oignons.

M. Jivù est en agriculture conventionnelle. Comme tous les petits agriculteurs rencontrés sur le marché, il est favorable à la suppression des pesticides à condition que les consommateurs acceptent les produits touchés par des attaques de parasites. A la suite de cette visite je suis confortée, tous les indicateurs sont bons Les cultures grandissent on est sur la bonne voie, le partenariat se construit et une première expérience d'ASAT voit le jour.

Le 20 juin 2008 Mihaela organise le pique-nique à la ferme. Sur 22 personnes présentes, 17 signent un contrat le jour même. Mais, M. Jivù n'arrive pas encore à accepter le paiement à l'avance. Il insiste et, pour cette 1re saison de juillet à octobre 2008, il demande qu'on lui laisse faire ses preuves. Il propose des « paniers pilotes » dont le prix est calculé en fonction des produits distribués. Après l'été, M. Jivù s'emploie à prendre les contrats pour la saison 2009. Son souci est de fidéliser le groupe jusqu'au printemps prochain.

Il estime que les consommateurs Roumains ne sont pas encore dans la démarche des consommateurs Français. M. Jivù avait visité l'AMAP lors du colloque 2008 à Aubagne. Il n'ose pas encore faire « le juste prix du panier », dit-il « de peur de perdre les consommateurs ou de n'avoir pas assez de paniers pour écouler sa production. »

Pour entrer 100 % dans le concept, Ioan Jivù abandonne le marché et le plan de culture qu'il a prévu pour la saison 2009 est considérablement modifié et diversifié. Il lui reste à se rapprocher le plus possible du calcul du prix du panier conformément à l'engagement du consommateur en AMAP ou en ASAT qui permet à l'agriculteur de s'engager dans ce type d'agriculture sans risque économique. La diversification des productions, lui demande de la main-d'œuvre, il envisage d'embaucher un salarié. Lors de mon dernier déplacement nous travaillons ensemble sur son bilan prévisionnel comme celui que nous utilisons en y incluant la rémunération du nouvel emploi.

Mihaela et M. Jivù sont conscients de la nécessité de vaincre les nouvelles habitudes de consommations. Il leur faut informer les consommateurs de la situation, et le faire dès le début pour installer un comportement adapté à l'ASAT. Sans cesse il faut remettre l'engagement solidaire au centre du fonctionnement.

De son côté, professionnellement, le producteur enclenche une sérieuse reconversion. Pour lui, il n'est pas question de revenir à son ancien système de vente. Il a donc besoin de consommateurs qui s'engagent aussi sur la durée.

M. Jivù estime que cette agriculture pourrait être reconnue et soutenue par l'Etat, au même titre qu'un groupement de producteur. Pour cela, il propose à Mihaela de faire un dossier officiel de demande d'aide financière au Ministère de l'Agriculture à Bucarest. L'entrevue de Bucarest n'a pas été dans le sens souhaité par M. Jivù. La politique agricole roumaine et européenne, depuis peu, n'est pas favorable au maintien des petits agriculteurs.

En conclusion, après une première saison d'essai, il a eu besoin d'augmenter son nombre de paniers. Il a en effet rempli son quota de consommateurs sous contrats. L'évaluation quantitative a été bonne. Mihaela est très impliquée et partage la coordination avec d'autres consommateurs. M. Jivù a maintenant les 180 paniers qu'il lui faut pour asseoir son ASAT sur de bonnes bases. Mihaela me disait qu'il est complètement autonome économiquement et continue à s'impliquer dans le fonctionnement de sa nouvelle perspective économique. Cette responsabilité partagée est la meilleure garantie de la durabilité du concept.

Mihaela et Ioan Jivù ont maintenant une solide expérience, ils ont tous les outils pour faire l'essaimage en binôme producteur consommateur. Ils ont aidé à créer trois autres ASAT maraîchères à Timisoara.

Depuis l'accession de la Roumanie dans l'Union Européenne en 2007, 2 millions de petits paysans ont disparu.

La demande des petits producteurs ne cesse d'augmenter. Le mouvement des ASAT a l'air d'être la bonne alternative économique pour le maintien de l'agriculture paysanne à Timisoara. Les rencontres et sensibilisation dans d'autres villes roumaines comme Bucarest, Cibiu, Cluj et Targu Mures n'ont pas abouti à la création d'une ASAT comme cela s'est fait assez facilement avec les consommateurs de Timisoara. Mihaela me disait qu'historiquement, les habitants de cette ville ont une grande capacité à se mobiliser. C'est à Timisoara qu'est née la Révolution Roumaine de 1989 !

Des comptes rendus d'essaimage sont visibles sur le site d'Urgenci.

AMAP à Bamako

En décembre 2006, Daniel participe au projet de la Communauté d'Agglomération d'Aubagne qui a signé un contrat de Coopération Décentralisée avec un territoire du Mali, la Commune Rurale de Konseguela qui comporte 17 villages.

On lui demande de faire partie du groupe de travail chargé des questions agricoles, il est invité à un premier voyage sur le terrain. Au cours de cette première mission Daniel sensibilise au concept de l'AMAP. Voici son récit :

« C'est au cours de ce voyage que sur les conseils de Pierre Rabhi je rencontre dans les environs de Bamako, Oumar Diabaté,

paysan vétérinaire, Président de VDR, Volontaires pour le Développement Rural, à qui j'explique le concept de l'AMAP.

Il sera à l'initiative de la première AMAP de Bamako dès décembre 2007 qu'il appellera GSVPL, Groupe Solidaire pour la Valorisation de la Production Locale.

La ferme d'Oumar est à 15 km de la capitale. Si pour les maraîchers installés dans et autour de Bamako, la commercialisation ne semble pas poser de problème, il en est tout autrement pour ceux situés entre 10 et 20 km de la capitale. En effet, les producteurs n'ont pas de moyen de transport, ils sont donc dépendants des commerçants qui prennent en charge l'enlèvement des marchandises et imposent leur prix. Le concept de l'AMAP supprime cet intermédiaire. C'est pour eux la possibilité du juste prix de leur production. Pour Oumar, qui a fait le choix d'une production saine, il lui est difficile de valoriser son travail. Oumar trouve sur la capitale des familles voulant sécuriser leur nourriture et il peut, avec elles, se lancer dans cette alternative.

Le projet de la Communauté d'Aubagne est d'apporter aux dix-sept villages de la commune de Konséguéla une coopération à la réalisation de divers programmes. En ce qui me concerne, il s'agit d'aider des hommes et des femmes à créer des jardins nourriciers. La première action est un programme de formation pour les agriculteurs et agricultrices de Konséguéla qui vont suivre des stages d'un mois chez Oumar.

Beaucoup de femmes et des hommes sont très intéressés par cette formation. Ils sont enthousiasmés par l'idée de faire des jardins maraîchers dans leur village où il n'en existe plus. Les bénévoles d'une association qui s'appelle « Water-help » assurent l'assistance technique pour les forages, les puits et les pompes solaires pour l'arrosage des jardins.

Le premier stage chez Oumar se déroule si bien qu'il fait de sa ferme une « école de formation à l'agro écologie ». Il y construit un centre d'accueil capable de recevoir des stagiaires, logés et nourris sur place tout en apprenant au quotidien les savoir-faire de l'agro écologie dans le contexte économique de l'AMAP. Tous les ans, le stage chez Oumar accueille de nouveaux stagiaires. En 2010, en deux ans, il y a 24 jardins à Konséguéla. Aujourd'hui un stage de formation de formateurs est prévu avec les premiers jar-

diniers qui assureront la formation sur place dans les jardins de Konséguéla.

Le savoir-faire d'Oumar lui permet de devenir rapidement la personne-ressource sur laquelle on peut compter pour aider à re-dynamiser l'agriculture vivrière locale en Afrique. Parmi ses diverses actions, on peut citer la remise en culture d'un riz de terre, local, et en voie de disparition. Selon le principe de la banque de semences, chaque paysan qui reçoit du riz doit restituer à Oumar le double de la semence après la récolte. »

AMAP du monde – Maroc, Mali et Roumanie
(Photo de Denise Vuillon)

AMAP à Rabat

En juin 2008, avec Daniel, nous répondons à l'invitation des personnes-ressources producteurs consommateurs de la région de Rabat-Salé au Maroc.

Catherine et Annie sont des consommatrices d'origine européenne qui vivent au Maroc. Elles ont eu connaissance de l'existence des AMAP en France. Elles sont associées dans leur projet à des marocains, agronome, écologiste et biologiste, Touriya, Chérifa et Najib qui encadreront les jeunes agriculteurs. Ils nous invitent pour les aider à structurer une initiative qu'ils avaient commencé à mettre sur pied, mais plus conforme à un groupement d'achat collectif qu'à un partenariat type AMAP. Une première réunion publique a lieu à Rabat pour la sensibilisation et la présentation de l'AMAP avec des consommateurs et les producteurs du futur projet. A cette réunion participe aussi « Terre et Humanisme[30] ». L'association située au sud de Casablanca présente son programme basé sur la formation en agro éco biologie. Elle est en lien avec les gens de Rabat/Salé pour avoir fait des cycles de formation aux jeunes futurs maraîchers en AMAP.

Le concept séduit et renforce la motivation des initiateurs du projet. La réunion permet aussi d'informer et de sensibiliser les consommateurs présents et d'identifier des futurs abonnés à l'AMAP marocaine qui s'appellera : « Swani tiqua »[31].

Le lendemain, nous faisons un état des lieux des trois « Jardins du Shoul » (nom du site des jardins) et des rencontres avec les agriculteurs. Nous abordons les productions et la distribution dans un fonctionnement plus adapté à l'AMAP. Les producteurs sont jeunes et sont en demande constante de formation en agro écologie et des bases spécifiques à l'AMAP. Le coté « relationnel » les intéresse aussi, ils sont à l'écoute et curieux de comprendre les rouages du concept.

Ils se partagent les productions, et se mettent à trois pour remplir les paniers hebdomadaires n'étant pas sûrs de pouvoir satisfaire leurs engagements. Les tuteurs, Touriya et Najib produisent les plants pour les 3 jardins.

Tout est nouveau, le partenariat, les productions, mais la motivation est grande. Il faut continuer à encourager à la fois les consommateurs qui s'activent dans le projet et les jeunes produc-

[30] Terre et Humanisme : association pour la transmission de l'agro écologie biologique – http://www.terre-humanisme.org

[31] Swani tiqua signifie jardin de confiance, nom donné à la première AMAP au Maroc dans la région de Rabat Salé

teurs très motivés, eux aussi. Ils sont tous conscients d'une réalité : sans ce système les petits agriculteurs n'ont aucun avenir.

En mars 2009, nous retournons à Rabat. La répartition économique ne convient pas aux jeunes producteurs ; ils ont envie d'avoir chacun leur AMAP et leur groupe de consommateurs. Pour les accompagner dans ce sens, nous revoyons à nouveau chaque jardin et les aidons à appliquer les ratios en AMAP en fonction de la capacité à produire de chacun. Nous donnons ainsi à chaque producteur les moyens d'acquérir son indépendance et la viabilité économique de son jardin. Ils s'engagent à produire 20 paniers chacun.

Ils prennent tous à cœur de réussir leur projet. L'équipe, les tuteurs professionnels, les consommateurs sont des vrais militants de la cause sociale et environnementale de leur région. Ils pratiquent l'agriculture biologique, conscients du besoin de lutter contre l'aridification des zones périurbaines comme la leur. Si leur expérience est viable et durable, ils seront une référence pour d'autres projets de revalorisation de la petite agriculture locale marocaine.

D'autres AMAP dans le monde

Plusieurs occasions nous seront offertes de part le monde, de mettre en place des AMAP. Quel que soit le pays, ce qui motive notre intervention c'est le besoin essentiel d'aller vers une autonomie alimentaire. Il suffit d'une infime partie de la population qui a un pouvoir d'achat pour permettre la mise en place d'un partenariat. Mais, dans les petits villages sans la moindre ressource économique, l'action consiste à donner les moyens de remettre en culture des jardins. Transmettre et réapprendre les pratiques souvent oubliées. Gérer les problèmes d'approvisionnement en eau pour le jardin, le protéger du bétail. Mais le résultat est tellement spectaculaire que, très vite les jardins se multiplient faisant renaître une dynamique agricole collective. Comme Daniel nous le relate, à Konseguela au Mali, vingt-sept 27 jardins sont créés en deux ans.

Nous ne ferons que citer ces actions d'essaimage : Jacmel en Haïti, Cotonou au Benin et Amlame au Togo.

Certaines sont en cours de création : en Ouganda, au Sénégal et en Nouvelle Calédonie. Certaines n'en sont encore qu'au stade de projet : en Bolivie, au Panama, au Mexique et à Cuba.

PAYSANS D'HIER ET DE DEMAIN

PAMAP producteurs en AMAP de Provence

PAMAP est le réseau spontané des « producteurs en AMAP de Provence » depuis 2001. Accompagnés et parrainés un à un à la création de leur AMAP, le contact étant maintenu, ils sont regroupés au sein de la « Commission Agricole » d'Alliance Provence jusqu'en 2007. PAMAP, structure informelle, les identifie localement. CREAMAP France est l'association officielle dans laquelle ils se reconnaissent avec tous les producteurs en AMAP sans distinction géographique.

Parallèlement à la démarche citoyenne, dès le début, s'est constituée une dynamique professionnelle agricole. L'enjeu du Maintien de l'Agriculture Paysanne est le moteur de notre démarche de maraîchers, en AMAP. Le besoin de se retrouver sur nos exploitations est unanime.

Sur le terrain, alors que l'agriculture paysanne traditionnelle disparaît, nous rencontrons des producteurs prêts à ressortir leur savoir-faire d'autrefois et partager à nouveau les valeurs paysannes que certains ont connues sur leur ferme. Les producteurs de PAMAP élargissent la formation à toute la France, sur des thèmes particulièrement délicats comme l'arboriculture fruitière et biologique en AMAP (voir compte rendu de la formation en annexe p. 250).

Grâce à l'expérience en maraîchage de Daniel, nous pouvons aussi coordonner l'essaimage et partager cette nouvelle dynamique professionnelle dans PAMAP. Pour chaque AMAP qui se crée, c'est à chaque fois, un producteur, une ferme qui s'ajoutent au nouveau réseau. Dans les premières années la demande est telle que nous proposons à plusieurs producteurs de s'investir dans la transmission du concept. En Provence, nous nous répartissons géographiquement l'essaimage en six antennes locales.

Ces modes de productions en AMAP ne sont pas enseignés.

Chaque année, des formations sont organisées auprès de structures complémentaires et techniques : l'agriculture biologique, la biodynamie, les pratiques fermières et paysannes, le compost, les auxiliaires, les différentes techniques de désherbage, les paillages, le matériel, l'arboriculture biologique, la biodiversité et le travail du sol.

Ramassage de pêches
(Photo de Pascal NK1/fokus21.org)

Nous cernons les spécificités de l'agriculture en AMAP c'est-à-dire comment organiser son travail de maraîcher quand on s'engage à produire et partager équitablement. Nous nous échangeons nos ratios économiques, nos quantités nécessaires par famille auprès desquelles nous nous engageons. Il nous faut définir le nombre de semences, plants et tubercules par famille et par semaine.

Les producteurs se remettent à soigner leurs pratiques, conscients des bénéfices sur la santé des hommes, de la terre et pour le respect du vivant et de l'environnement.

Par le bouche à oreille, nous allons à la rencontre des plus isolés. Comme le dit Benoît Hertz, maraîcher à Fontvieille : « *Il ne faut laisser personne au bord du chemin* » encore moins les jeunes que nous accueillons tous sur nos fermes, pour les former, en stages ou salariés, avant qu'ils ne s'engagent seuls en partenariat.

Autour du centre géographique des premières AMAP, en Provence, une soixantaine de producteurs de PAMAP se rencontrent, quatre fois par an, d'octobre à mars, et chaque année se rajoutent les nouveaux jeunes installés. Il y a un besoin d'échanger, de se former, de s'entraider et se stimuler. Des achats groupés, sont mis en place, du matériel, en commun et toutes les problématiques de productions en AMAP sont partagées. Ces rencontres sont confraternelles et conviviales. Elles se passent chez l'un d'entre eux, avec des représentants de son groupe de consommateurs. Les producteurs évoquent leur souci permanent d'honorer leur engagement à produire, seule façon de témoigner de la gratitude à leurs partenaires consommateurs.

Autour du jardin de celui qui reçoit, la visite est technique, et, à chaque fois, un thème précis est abordé, mais l'aspect social, la vie, l'évolution de leur AMAP et leur rapport avec les partenaires consommateurs sont aussi évoqués car primordiaux. Chacun fait un point et quand un problème est posé, quel qu'il soit, un débat s'ouvre, le soutien et le suivi nécessaire sont mis en œuvre.

Le compte rendu qui suit illustre bien cette diversité des situations, des genres et des rapports de partenariat auquel nous tenons tous.

Rencontre PAMAP, producteurs en AMAP à la ferme St Jean
le 27 octobre 2007

Nous sommes chez Helena et François Oulmont, maraîchers près de Grasse (06). Il est 10h30 François nous accueille et nous propose un tour de table.

– François se présente et raconte : « Il *rencontre le concept en 2001 et démarre en AMAP le printemps 2003 avec 25 contrats. La saison de distribution commence en avril et se termine en décembre. Il estime que la terre et le paysan ont besoin de repos. Dans ses terres très froides, les productions d'hiver sont difficiles. En 2007, il travaille avec 70 contrats (100 % en AMAP avec une seule AMAP : Valbonne). Il a du mal avec ses consommateurs pour leur faire admettre les augmentations du prix du contrat. Il trouve des limites qui bloquent son évolution. Il s'interroge, comment perdurer, comment réellement gagner sa vie. Les charges ne*

cessent d'augmenter. Comment faire évoluer le prix du contrat ? Ses interrogations vont aussi vers la gestion de la biodiversité, l'eau et les parasites. »

— Jean-Louis (Hyères 83) est en AMAP depuis 3 ans et gère actuellement 100 paniers, 12 mois sur 12. Il voudrait essayer de diminuer et aller vers 9 mois de distributions. C'est un travail pénible. Cet été, il s'est retrouvé à l'hôpital pour un problème cardiaque. Malgré tout, pour lui, c'est tout du positif ! On ne s'endette plus !

— Benoît et Martine de Fontvieille (13) rencontrent Denise et Daniel en 2001 et démarrent en avril 2002. « C'est un concept vertueux ». Dès le début, pour pérenniser l'emploi de leurs salariés, ils choisissent de faire de plus en plus de paniers ! Le « Tout AMAP » demande une grande technicité, mais c'est passionnant ! Ils ont une chance, leur fille Mathilde reprend le flambeau ! Benoît est aux anges ! Ils sont en capacité de mieux construire pour durer. Martine pense que, c'est bien parce qu'ils sont passés dans ce système que Mathilde a trouvé un intérêt à leur ferme ! Benoît demande de resserrer les liens entre producteurs. Personne ne doit rester sur le bord du chemin. Mais la pression est forte ! « Qu'est-ce qu'on met dans le panier ?

— Valérie est en stage de formation au Brevet Professionnel Responsable d'Exploitation Agricole (BPREA) chez Linda et désire s'installer en maraîchage diversifié en AMAP à Aubagne, dans le 83, n'importe !

— Linda (Aubagne 13) s'installe en mars 2007 après formation et période salariée aux Olivades. Elle commence avec 20 paniers sur du foncier que la ville d'Aubagne (en recherche de lien social) met à sa disposition, sous forme de bail à ferme. Un noyau de consommateurs est solidaire, ils lui font l'avance de trésorerie trois mois avant le premier panier pour qu'elle puisse démarrer. « Ils sont là plus pour le projet que pour les légumes, ils ont entre autres participé à la construction des tunnels »».Elle termine sa première saison et entame sa saison d'hiver avec 40 paniers.

— Cathy avec Brigitte, la présidente de son AMAP (Fréjus 83) est dans sa troisième saison d'AMAP. Elles nous appellent au secours ! Les consommateurs ne sont pas contents et elles pensent qu'ils vont laisser tomber. Cathy a des difficultés de production. Elle a une petite surface, des difficultés de gestion des herbes et

des parasites. Elles sont découragées. Une visite et un suivi leur sont proposés dans les jours qui viennent.

— Marie-Christine (La Garde Freinet 83) pratique une agriculture de forêt en biodynamie. Elle raconte la vraie solidarité qui s'est mise en place autour de sa ferme, l'AMAP, le conseil général, et l'entrepreneur pour la mise en place d'une retenue d'eau de grande capacité. Etant donné que la sécheresse perdure, l'entrepreneur lui propose de lui livrer quelques camions d'eau. Elle peut semer... Pour faire cet ouvrage un emprunt a été cautionné par les Amapiens. L'AMAP a aussi monté un dossier de complément de financement au conseil général. Cette saison, elle avait 25 paniers et pense pouvoir en faire 45 au printemps. Il a été mis en place un système « Plocher » pour rendre l'eau de meilleure qualité. De la poudre de quartz est mise dans la retenue pour que l'eau ne se détériore pas. La qualité de sa production est due aux bonnes propriétés de cette eau. Son objectif est de réussir à inclure le vrai prix de la main-d'œuvre.

— Aimé et Annie (près de St Rémy de Provence 13) rencontrent les Vuillon en début 2007. Ils travaillent une dizaine d'ha. Aimé met tout en place dans ses cultures avant d'avoir des groupes! Ce n'était pas facile, mais il est confiant pour cet hiver. Les groupes se forment. Sa difficulté est qu'il doit se déplacer pour aller sur les lieux de distribution. Il remercie les Vuillon pour leur aide précieuse. Il a des difficultés à trouver de la main-d'œuvre de qualité. Il apprend à travailler différemment autrement et c'est super.

— Anne-Marie et Giovanni (près d'Arles) sont en AMAP depuis 2006. Ils fournissent 200 familles qui viennent à la ferme en trois distributions. Les cultures tournent sur 4 ha et ½ et des serres/abris. Ils ont trois salariés et à un moment donné, ils n'arrivaient plus à cueillir les fraises. Ils ont invité les Amapiens à le faire comme ils voulaient : c'est super.

— Denise des Olivades continuera tant qu'elle pourra à faire l'essaimage d'AMAP aux côtés de Daniel et répondre aux demandes. Son cheval de bataille : « faire naître la relation producteur consommateur. » Elle accompagne les groupes et se charge de la communication trans-AMAP, avec Michel pour la liste de diffusion de CREAMAP et son site Internet.

— Julien de Pezenas (Montpellier 34) cultive 2 ha depuis 2 ans. Il démarre en mai 40 paniers avec un groupe du Conseil Général de Montpellier. Il a gardé un marché, il a démarré avec un prix bas. En cours il a désiré réajuster, mais ça ne s'est pas trop bien passé. Comment faire évoluer le prix ? La communication est difficile. L'AMAP s'arrêtera.

— Hervé de Beaucaire est chef d'exploitation depuis 6 ans. Il a subi 2 gels et 3 inondations du Rhône. Il est parti depuis mai. Il a investi pour 100 paniers mais il ne les a pas obtenus ! Il est bien accompagné par Jocelyne et Jean-François. Heureusement sa femme travaille et c'est elle qui assure les revenus. L'AMAP est sa dernière tentative pour s'en sortir.

— Bruno (Tourves 83) s'est installé en 2004. Il commence sa quatrième saison avec 60/70 paniers. Pour lui c'est fini le 100 % AMAP. Il diversifie sur le marché local le dimanche matin. Son AMAP est très dynamique mais semble vouloir être chef d'exploitation à sa place ! La pression est trop forte.

— Jean-François et Jocelyne (entre Nîmes et Fontvieille 30) ont 20 ha « à l'arrosage ». Suite à un redressement judiciaire, ils se lancent en AMAP en avril 2006. C'est Benoît qui les parraine. Ils débutent avec 19 paniers sur Marseille, maintenant ils en ont 182 sur trois groupes. Ils sont en bio depuis 20 ans. Leur prix de panier est directement calculé sur leur chiffre d'affaires. Ils se contentent d'un petit salaire mais ils sont hors de danger. Ils ont 5 employés qu'ils impliquent aussi dans leurs AMAP. Les salaires sont complétés par une prime sur les bénéfices. Les consommateurs sont un soutien actif. Une souscription auprès des consommateurs leur permettra de planter un verger.

— Yolande (04) est éleveuse. Ses brebis partent à l'alpage en été. Elle fait du maraîchage et a planté 1 ha de pêchers. Elle aimerait plus d'AMAP et moins de marché ! C'est sa première saison d'AMAP avec 15 paniers qu'elle livre à Château Arnoux. Elle est contente, « on sait mieux où on va » (voir § pour le maintien de l'espace paysager p.157).

— Isabelle (Vidauban 83) s'est installée avec une dotation jeune agriculteur (DJA) en AMAP en 2003 en arboriculture. La saison 2007 a été difficile et a débuté par un gel sur fleurs des arbres. Questionnement sur la viabilité des toutes petites fermes. Les amapiens qui la soutiennent sont très présents et un responsable de

chaque groupe participe au calcul du prix des contrats. Malgré ses 91 contrats d'avril à fin octobre, son salaire ne permet pas de faire vivre sa famille.

— Thibaud est en stage chez les Vuillon. Il est en première année de l'école d'Agronomie Grignon à Paris.

— Benjamin était en école d'ingénieur en bio-industrie et était en échec dans sa scolarité par manque de motivation ; depuis son enfance, il a une âme de paysan. Lors d'une conférence il rencontre Denise qui présentait le concept AMAP, il se décide, démissionne de son école et part en stage chez les Vuillon. Il a besoin d'être sur le terrain. Pour pouvoir y être, il a choisi un bac pro agricole par correspondance qui lui permettra de s'installer.

— Daniel des Olivades ne nous parle pas de sa ferme, mais fait un constat suite au tour de table. « Dans ce concept, il y a tous les cas de figure ! Tous les éléments sont variables : les fermes, les paysans, les sols, le microclimat, l'endettement, les compétences, etc. Il existe donc un principe en face duquel chacun met sa réalité. Mais le point fondamental est bien le prix du panier.

On le remarque c'est en débat permanent. Il faut absolument arriver à la rémunération moyenne des Français qui est de 1 500 € par mois. N'oublions pas que nous sommes à la fin de l'existence des paysans. L'installation de jeunes agriculteurs est une priorité et leur rémunération est un point capital pour les amener à faire le choix d'être paysan en AMAP C'est un problème de société. Il est urgent de préserver notre métier. Le paysan peut nourrir les gens qui sont autour de lui.

Souvent la relation avec ses consommateurs en AMAP passe par des crises difficiles. Ça occasionne des ambiances crispées. Le comité se sent mandaté pour représenter tout le monde et prend des responsabilités. Le paysan se retrouve seul. Un élément professionnel extérieur peut amener de l'ouverture, de la sérénité. Il est important qu'un réseau de paysans en AMAP existe. »

Daniel souligne la difficulté de : « que mettre dans le panier hebdomadaire, alors qu'il est difficile de s'adapter, d'adapter nos productions aux changements climatiques ? »

Un échange précède le repas :

— C'est Benoît qui débute : on ne peut pas rester tout seul ! Au pique-nique ou portes ouvertes, il faut s'inviter mutuellement ! Une

liste de diffusion opérationnelle, nous permettra d'échanger nos infos.

— A la question insistante d'Isabelle sur les difficultés autant physiques que financières, Benoît répond : « il faut tenir le temps qu'on résiste! » et Aimé, 70 ans de rajouter : « pour les douleurs, vous verrez ça passe avec l'âge ! ».

— François : « on en fait, on fait le maximum ! Tout est pour eux et ils ne comprennent pas toujours ce qu'on fait ! Il faut augmenter le prix du panier ou le nombre de paniers (pour la même quantité de produits) ou largement diminuer la biodiversité et la diversification et ne faire QUE le basique ».

— Jean-François : « l'augmentation du prix du panier ne doit être que la part de salaire qui manque au producteur ! »

— Bruno : cet hiver je fais les marchés et diminue le nombre de contrats. Les paniers d'hiver c'est difficile parce que leurs compositions ne sont pas attrayantes comme en été. « C'est là où j'ai le plus besoin de moral et c'est là où les amapiens râlent ! »

— Yolande : « il faut qu'il y ait un rapport gagnant entre le temps de la vente au marché par rapport à une distribution.

— Jean-Louis : « le surplus je le mets à la vente » il est tellement efficace dans son jardin que les consommateurs en ont toujours trop ! Alors il a instauré des petits paniers. Les petits paniers sont parfois « justes » alors ils ont demandé d'acheter du complément.

— Daniel : qui est un peu comme Jean-Louis : « l'erreur c'est de trop en mettre ! Il ne faut pas que le plus devienne normal ! Ce n'est pas normal ! »

— Jean-Louis et Benoît se questionnent sur le « tout AMAP ».

— Benoît : « le producteur doit pouvoir vivre de sa démarche. C'est le système économique qui tue. »

— Martine : « Lorsqu'on s'est mis à l'envers, par la crainte d'annoncer l'augmentation du prix du panier, nos Amapiens, à la signature, ne s'en sont même pas aperçus ! »

— Jocelyne : « Lorsque nous nous sommes retrouvés devant la juge pour notre redressement judiciaire, j'ai expliqué ce qu'est une AMAP... Ça nous a sauvés ! »

— Denise : « Il faut qu'on soit bien conscient que les nouveaux Amapiens ont besoin de la même sensibilisation que les premiers, avec qui nous avons tous fait, au moins 3 réunions, plus la visite de

la ferme. « Il est impératif qu'on passe du temps avec eux, qu'on les rencontre un à un pour tout ré-expliquer ».

— Jocelyne : « En effet, il faut un accueil minutieux par le paysan. L'AMAP fait le premier accueil et décrit les généralités du concept, mais le paysan raconte sa ferme, son histoire. »

— Denise : rappelle l'importance de la « relation » et de la signification japonaise : « mettre le visage du fermier sur le produit ! L'objet de la démarche c'est bien d'aller vers le paysan et son jardin. Notre rencontre est indispensable avant d'aborder les règles de fonctionnement.

Pour la transmission, les producteurs nous avons notre part de bénévolat pour la pérennisation des AMAP : en donnant du temps à la communication, la sensibilisation, l'accueil dans nos fermes.

— Benjamin : « En fait revenir à des relations humaines de base ! » et tout le reste en découle (prix du panier, participation au jardin etc.).

— Aimé : « Les consommateurs qu'on a retrouvés après qu'ils ont fait la visite de la ferme, n'étaient plus les mêmes. Ils étaient un peu plus Amapiens, et nous avec ! »

OUF ! Il est 13 h 30 et on a faim.

Partage chaleureux de ce que chacun a amené ! Une partie de soi.

Tous ces échanges se sont faits avec une sincérité et une grande ouverture. Il existe une énergie très positive comme si chacun encourageait l'autre.

Après le café : visite des jardins de François. Les échanges sont diffus, difficile de prendre des notes. Excuses.

L'eau : le manque de ressources propres l'oblige à arroser avec l'eau de la ville avec un très faible débit (tuyau de diamètre 25 mm !) d'où le développement du goutte à goutte et de la micro-aspersion et développement de cultures sur mulch qui lui est fourni gratuitement par des collègues paysagistes du coin.

Il nous montre les dégâts occasionnés par des nématodes en serre et en plein champ sur cultures d'aubergines et de tomates. Nous découvrons ensemble les dégâts faits par les sangliers la nuit précédente dans un champ de salades et constatons que ce problème est général pour tous les paysans présents, où qu'ils se trouvent même en zone périurbaine !

François nous fait découvrir les merveilles de sa dernière acquisition : un superbe enfouisseur buteur qui lui donne entièrement satisfaction au niveau de la facilité du travail et de l'augmentation incontestable des rendements de ses cultures. Il a profité pour cet investissement d'une opportunité offerte par le Conseil Général des Alpes Maritimes qui finance 50 % des investissements des agriculteurs ! Nous découvrons des magnifiques cultures de carottes, sans herbes et de densité de semis parfaite. Lui qui nous disait dans la matinée qu'il envisageait d'aller vers des paniers plus basiques est en parfaite contradiction avec un jardin où la biodiversité est présente sur chaque restanque, révélant par là même la passion qu'il a pour la botanique en général et les plantes potagères en particulier.

Nous nous arrêtons devant une treille ancestrale qui témoigne d'une époque où toute cette région de Valbonne était connue pour son raisin d'hiver « le Servan ». De retour autour de la table où les friandises que nous n'avons pas mangées au dessert nous semblent bien appétissantes !

Daniel relance : Il faudrait amener les Amapiens de François sur d'autres fermes en AMAP plus faciles, pour leur donner d'autres histoires et leur montrer que le travail de François ne s'arrête pas seulement aux cultures mais aussi à l'entretien du paysage, les collines de Grasse, dont il devrait recevoir une contribution de la part de la collectivité locale, et puis c'est valable pour tous, nous sommes tous des gardiens du paysage.

— Benoît : « la dénomination AMAP ça va bien à tout le monde. Il faut continuer les vertus de ce système. Il y a aussi une dimension nationale et internationale. Pour moi l'AMAP c'est trois bulles : social, environnemental, économique. Chez certains c'est plus d'un côté ou de l'autre volet. Celui qui s'appelle AMAP doit appartenir à la même famille. Je souhaite faire des rencontres par zone. Il y a une route à faire ensemble. Une harmonie commune. »

— Bruno : « Je suis d'accord pour des réunions par zone. Mais je souhaite formaliser quelque chose autour des paysans en AMAP. Aller plus loin qu'un groupe de diffusion Internet. Moi j'ai besoin de reconnaissance. »

— Jean-Louis : « Pas besoin de formaliser. »

— Benoît : « Quelqu'un m'a dit : Ah ! Toi, t'es de l'AMAP des villes ou celle des campagnes ? »

— Denise : « Il y a CREAMAP. Il faut accompagner les nouveaux producteurs, il faut dire à leur place ce que doit être le prix du panier. Souvent ils n'osent pas. Quand il y a des problèmes, il y a des producteurs qui arrêtent l'AMAP, plutôt que d'être obligés de justifier le prix alors qu'il est calculé en toute transparence économique et comptable. On a besoin des uns et des autres, les producteurs ne devraient pas avoir à « justifier » les besoins du métier, c'est de la dignité humaine. »

— Jocelyne : « Il faut quelque chose pour les producteurs, entre les producteurs ! »

— Yann Vidal, producteur dans le 06 nous a rejoints pendant la visite de ferme. Il n'est pas certifié bio. « Je me suis fait traiter d'empoisonneur et Alliance Provence m'a jeté. J'ai décidé de partir en AMAP sans m'appeler AMAP.

— Isabelle : trop passionnée ! Personnellement je suis comme Jean-François, je préfère l'informel parce que plus libre.

Et puis certains sont partis ! Il commençait à faire nuit et le chemin est long pour rentrer. La prochaine rencontre est prévue aux Olivades chez Daniel et Denise Vuillon le 16 décembre 07.

Isabelle Bouvier, Denise et Daniel Vuillon. »

Les paysans voisins en AMAP se rapprochent et s'entraident. Ils sont solidaires. Cette solidarité entre agriculteurs en AMAP est forte et ils associent souvent leurs amapiens à leurs actions. Les consommateurs comprennent ce besoin de contact professionnel.

Quand un producteur ne participe pas à cette rencontre c'est qu'il a eu un empêchement ou une contrainte majeure mais le regrette et tous sont partants pour ce genre de réunions. Avec le temps qui passe et la maîtrise du fonctionnement de l'AMAP les réunions PAMAP sont espacées mais chacun dans son secteur doit rester proche des nouveaux producteurs pour des raisons d'accompagnement dans un concept qui reste cependant nouveau dans son application professionnelle. Les structures techniques ont leur mission mais aucune structure extérieure ne peut remplacer la dynamique d'un réseau de producteurs en AMAP pour assurer la viabilité du concept.

Il faut ajouter aussi que la concurrence n'existe pas entre AMAP. Aucun producteur et sa ferme n'ont dû arrêter, victime de la concurrence de son voisin paysan. Au contraire il y a une solidarité nouvelle et possible grâce aux amapiens et au système.

Côté consommateurs, la mobilisation est très forte aussi, très rapide et efficace. Il faut reconnaître que le réseau des AMAP de Draguignan[32], né des premières AMAP du Centre Var depuis 2001, est très actif. Michel Berthelot, bénévole en retraite, anime ce réseau. Il organise des actions de soutien aux producteurs en difficultés et diverses actions transversales d'économie sociale et solidaire avec son groupe des « Colibri 83 ».[33]

Un mouvement de solidarité, à la hauteur de l'événement, s'est organisé pour aider Corinne et Laurent Fortage, agriculteurs en AMAP en bordure de la Nartuby dont la terre et les cultures de l'exploitation ont été emportées par la plus grosse catastrophe climatique qu'on ait connue, celle du 15 juin 2010 à Draguignan.

Histoire de la famille et de l'exploitation Fortage Laurent et Corinne

« Nous avons acheté notre terrain en 2002 après quelques années de recherche ; terrain de 3,40 ha en friche depuis une décennie, presque idéal pour une exploitation maraîchère en bio, en bordure de la rivière la Nartuby, mais plat et proche de la ville de Draguignan où nous souhaitions nous installer ; le seul hic était la pauvreté de la terre qui était un ancien vignoble très pierreux.

En 2003 : nous habitons sur place et les premières cultures arrivent, nous vendons cette petite production sur le marché de Draguignan.

En 2004 : nous rentrons à l'AMAP de Figanières avec 20 paniers, c'était un sacré engagement, chaque distribution est source d'angoisse, les légumes parfois trop petits, non conventionnels : que vont penser les amapiens ? Mais au fil des saisons le nombre de contrats augmente et la terre nous donne de beaux légumes.

En 2006 : l'AMAP de Draguignan nous sollicite pour 16 paniers ; avec quelques hésitations on se lance, et nous embau-

[32] AMAP de Draguignan : http://www.amapd.org/
[33] Colibri 83 : http://www.colibri83.net/dracenie/

chons un jeune apprenti en Contrat d'Apprentissage Professionnel maraîchage.

En 2009 : l'exploitation a pris un sacré virage, les fruitiers produisent, les sept tunnels rêvés sont en place ; nous avons quatre-vingt-dix paniers à livrer, le travail ne manque pas.

En début 2010 : un drame familial, nous fait prendre une nouvelle direction, nous voulons avoir plus de temps, du temps pour rêver, nous décidons en accord avec les amapiens de faire la saison d'été et de se poser cet hiver.

Nous concentrons notre énergie et mettons en place l'été, avec encore plus de cultures, plus de variétés pour 100 paniers. Les contrats sont au rendez-vous.

Le 15 juin 2010 : le matin ; il pleut, rien d'inquiétant, nous travaillons sous un tunnel ; les cultures sont en place, nous sommes soulagés ; nous déjeunons avec notre employé, il pleut de plus en plus fort, il est 15 heures l'eau envahit tout. Le terrain, les tunnels et le chemin disparaissent. A 17 heures le courant emporte tout sur son passage ; la Nartuby est devenue un fleuve de 150 m de large.

Le lendemain, les trois quarts des plantations ont disparu avec la terre pour faire place à un paysage lunaire. Le 17 juin un groupe d'amapiens arrive ; on relève quelques fruitiers, on dégage quelques courgettes, on boit un café, un autre groupe arrive l'après-midi pour nous amener de l'eau (en bouteille !).

Les 22 et 28 juin petites distributions le cœur serré à l'AMAP de Figanières et Draguignan, le sourire et la compréhension sont au rendez-vous, une petite réunion s'improvise, nous décidons ensemble de faire les distributions une semaine sur deux en alternance, nous repartons plein d'énergie.

Début juillet une productrice de Vidauban nous propose des tomates pour compléter nos maigres paniers, ensuite des producteurs en AMAP, en accord avec leurs consommateurs d'Ollioules, d'Hyères, de la Motte, de Moissac partageront également leur récolte.

Mi-juillet des chantiers solidaires organisés par des associations agricoles locales s'organisent autour de notre exploitation pour le déblaiement. La reconstruction n'est pas encore à l'ordre du jour.

Mi-août une réunion de producteurs et des responsables des AMAP est organisée chez nous à l'initiative de Daniel. Après une visite de terrain ; chacun donne son regard sur les moyens à mettre en œuvre pour une reconstruction, c'est donc possible : tracto-pelles, bob cat et petites mains remplacent tracteur, motoculteur et la binette.

A chaque distribution, nos amapiens remplissent leurs paniers de « légumes solidaires ».

Le réseau des AMAP de Draguignan organise des chantiers et collecte des fonds financiers ; plus de compost est introduit dans le sol, l'engrais vert est semé.

Octobre 2010 : de nouveaux légumes sortent du sol.

Novembre 2010 : nous préparons le terrain pour la saison été 2011

Merci à tous – Corinne »

Reconnaissance des AMAP dans le paysage politique

Dans le paysage de politique agricole, avant d'être en AMAP, le producteur pratique souvent la vente directe. Il ne reçoit pas d'aides, n'appartient plus à un regroupement et ne sait plus à qui s'adresser pour faire valoir ses besoins économiques ou sociaux. Le mode d'écoulement en circuits courts et en direct n'empêche pas la disparition des paysans. Pour nous, si l'alternative économique peut sauver les Olivades, il faut la faire connaître aux autres producteurs en difficultés. Nous commençons aussi à la présenter aux instances officielles comme une solution.

Dès 2001, avec Daniel, nous n'avons pas de mal à convaincre les élus de la Région PACA. Ils partagent notre démarche et la soutiennent en aidant financièrement la structure de développement.

Nous leur présentons le projet comme une nouvelle stratégie qui va permettre aux agriculteurs de sortir de l'isolement social.

De leur côté, les consommateurs sont toujours plus nombreux à s'investir, et à faire le choix d'une meilleure façon de se nourrir. Ce sera un des facteurs de poids politique pour la reconnaissance de l'agriculture en AMAP.

En 2002, quand Daniel organise les premières réunions de producteurs, pour la sensibilisation au concept, au sein d'Alliance

Provence, au début, nous sommes une poignée, puis vingt, puis trente et d'évidence, le phénomène séduit.

Les producteurs de la commission agricole d'Alliance Provence nous sommes de plus en plus sollicités. Nous nous activons sur le terrain pour répondre, aidés par la structure de coordination. Le réseau des producteurs en AMAP s'agrandit considérablement. Et plus nous sommes nombreux et regroupés, plus nous faisons la preuve économique et politique qu'une autre agriculture est possible.

Cette stratégie durera tant qu'il y aura suffisamment de volonté et d'énergie commune au partenariat AMAP.

Les AMAP sont toujours en phase de développement. On en comptait 3 fin 2001 on en est probablement à 5 000 en 2011. Ces fermes en AMAP représentent 1 % des agriculteurs paysans et nourrissent 1 % de la population française soit 650 000 consommateurs. C'est bien la preuve qu'une partie de la société oriente son choix vers ce type de consommation locale et cette façon de se nourrir.

Côté professionnel, c'est bien plus qu'une nouvelle filière puisque cette pratique se décline dans toutes les catégories agricoles en adaptant l'échelle de grandeur.

Dix ans après, et pour la première fois, les producteurs en AMAP sont pris en compte dans le recensement général agricole français (RGA) décennal, qui précise en 2011, le nombre de paysans dans le concept.

Il est probable que le nombre de producteurs en AMAP pourra réjouir les élus qui ont su croire à la première expérience.

L'expansion des AMAP nous permet d'en démontrer la pertinence des pratiques, au regard des mesures à prendre, pour la santé de l'homme et de la planète et pour l'écologie.

Les pratiques paysannes en AMAP sont judicieuses, rationnelles, écologiques, et naturelles. Elles entrent en cohérence avec le développement durable. Mais il nous faut voir plus loin, pour assurer l'avenir du métier. Au-delà de la stratégie du partenariat qui nous situe en marge de l'économie de marché, nous aimerions tous que l'agriculture paysanne, de ferme, ait sa place et soit à nouveau reconnue à sa juste valeur.

Les partenaires producteurs et consommateurs s'associent pour défendre les valeurs humaines et vitales que les hommes politiques contournent ou sacrifient, comme c'est le cas dans notre département où notre ferme et tout ce qu'elle représente sont menacés d'expropriation depuis 1988. Nous sommes dans la résistance permanente pour protéger ces terres agricoles nourricières.

C'est grâce à notre ténacité, et au soutien de centaines de sympathisants des Olivades, que nous sommes toujours en activité sur cette vieille ferme.

Devant le laxisme des schémas directeurs d'aménagement territorial et l'abandon des terres à vocation agricole et nourricière, l'AMAP agit. Devant l'urgence, elle redonne vie aux espaces péri urbains, les réactive et leur rétribue une valeur dans l'économie locale.

En toute cohérence avec l'AMAP, les citoyens vont au-delà du soutien à l'agriculteur et veulent aussi protéger la terre. Ils se mobilisent, en achetant des parcelles, collectivement, pour les mettre aux mains du paysan amapien et les sortir de la pression spéculative et financière (voir l'exemple de CATA33 p. 172).

L'AMAP est une action politique par défaut, qui relève d'une forte citoyenneté, en attendant que les instances nationales prennent le relais de l'engagement citoyen. C'est l'espoir que nourrissent producteurs et consommateurs en AMAP en attendant que les élus prennent conscience des enjeux vitaux de société et s'attellent à :

– Légiférer sur la protection définitive des terres à vocation agricoles et nourricières,

– Faciliter l'accès à une bonne nourriture, pour la santé de l'homme et celle de la planète,

– Prendre en compte la capacité du citoyen contraint à créer une stratégie en marge de l'économie classique, comme l'AMAP pour ne pas voir disparaître l'agriculture paysanne (voir La Sauvegarde des Olivades p. 212).

Dans sa vision politique très « terre à terre », sans jeu de mots et surtout sans formalisme, en toute autonomie, l'AMAP ne relève pas d'un mode commercial. Professionnellement et syndicalement la vente directe n'a jamais été organisée au plan national, en aurait-elle besoin ? Depuis des décennies, les modèles de développement sont dans la compétitivité déshumanisée, en proie aux lobbies financiers qui mènent le monde.

La politique a mondialisé et mis sur le Marché la nourriture au même titre qu'un produit manufacturé, des automobiles ou des gadgets.

Aujourd'hui, encore, à quelques exceptions près, l'AMAP n'est pas reconnue par les chambres d'agriculture. Celle du Var ne s'est pas associée à notre dynamique professionnelle, alors que j'étais une de ses élus en 2001. Comme s'il fallait ne pas faire émerger un nouveau regroupement de forces paysannes, en marge des orientations politiques officielles appliquées dans l'institution.

En 2009 suite au « grenelle de l'environnement » et en réponse à une demande croissante des consommateurs à la recherche de bons produits sains, surtout dans les cantines scolaires, le ministère de l'agriculture organise trois réunions sur les modes de commercialisation appelées : « ateliers circuits courts ».

CREAMAP s'y invite pour apporter une contribution en présentant tous les atouts de l'agriculture périurbaine en AMAP. Dans sa vie professionnelle, c'est la première fois que Daniel assiste à la reconnaissance de l'existence de l'agriculture en vente directe, d'une façon officielle. Suite à ces trois ateliers, un plan d'action en 14 propositions, est proposé par le ministre pour le développement des modes de distribution en circuits courts, dans toutes les régions.

Dans ce « Plan Barnier », les nouveaux éléments pris en compte, sont : la forte demande des consommateurs pour les productions locales, l'existence et le maintien d'une agriculture périurbaine de petite taille. On peut cependant regretter :

En 2011, une des mesures du Grenelle, incitant à la conversion en agriculture biologique voit son crédit d'impôt, passer de 4 000 euros à 2 000 euros par agriculteur. Une directive qui n'incite pas les agriculteurs à changer leurs pratiques. Alors que l'Etat a pris des engagements pour atteindre 6 % d'agriculture biologique en 2012, ce sera difficile et 20 % en 2020… Nous en sommes seulement à 2,5 % en 2010 !

Soulignons quand même les mesures gouvernementales prises en faveur de l'approvisionnement local des cantines scolaires, suite au Grenelle de l'Environnement. Il devra atteindre 20 % de l'approvisionnement en local et en agriculture biologique en 2012 !

– La non remise en question de l'économie libérale et mondiale, pratiquée par la grande distribution, qui est la grande cause de disparition des agriculteurs.

– L'absence de protection par Décret d'Utilité Publique des terres qui nourrissent, pour sortir le paysan de la spéculation et du risque d'expropriation de sa terre.

De même qu'il existe une loi SRU Solidarité Renouvellement Urbain qui oblige les communes à construire un pourcentage de logements sociaux, il serait intéressant de sécuriser l'espace terres nourricières par une loi obligeant les communes à préserver éternellement un périmètre de terres cultivables.

Se loger c'est important mais bien se nourrir, c'est vital.

Aucune loi n'est encore en vigueur sur ce sujet. Au contraire, la politique du changement de zonage et l'utilisation des plus belles terres propres et plates, pour toutes sortes de projets, aboutissent inévitablement à l'abandon sournois ou criant de l'agriculture périurbaine.

Heureusement, partout, le partenariat producteur consommateur se met en place et s'organise comme un contre poids pour préserver la terre et pour résister.

La Sauvegarde des Olivades

En orientant notre débouché commercial vers la vente directe, en 1987, nous facilitons le contact avec des consommateurs qui, du fait de leur plaisir à fréquenter la ferme, vont nous aider à la défendre de la pression foncière et des menaces d'expropriation.

Cette vente directe crée aussi une « relation » comme celle qui définit l'AMAP et qui dépasse le strict sens de l'acte commercial. Nous devons en grande partie à ce soutien des sympathisants, d'être encore sur la terre des Olivades comme en témoigne la lettre de Sabrina au commissaire enquêteur :

Pour le maintien du Jardin des Olivades

J'aime,
aller chercher mon panier de légumes le mercredi,
découvrir ses surprises,

sentir à plein nez ses produits frais
les goûter, les savourer, les déguster,
discuter chicorée ou frisée,
radis longs ou radis ronds,
mibuna ou mizuna,
J'aime aussi
me nourrir du rythme des saisons,
imaginer ce que j'aurai dans mon panier d'été.

J'aimerais pas,
que tout s'arrête,
qu'on en fasse miette,
Alerte ! *Hiver 2003*

Les Olivades, c'est la détermination de la famille Vuillon à défendre la propriété de l'expropriation, ce qui relève du droit privé, associé au soutien de milliers de personnes qui s'opposent à la perte d'un patrimoine collectif, la Terre, que la famille Vuillon défend aussi dans le cadre du droit public.

Les valeurs défendues sont certes diamétralement opposées que l'on cherche à récupérer des belles terres à des fins spéculatives ou qu'on les défende parce qu'elles sont le « bien » de tous.

Le fait de partager cette résistance nous aide à nous défendre sans relâche. Il nous faut beaucoup d'énergie, beaucoup de temps, et des moyens financiers à consacrer à la sauvegarde du foncier et de l'activité agricole qui, au demeurant est notre seul objectif.

Daniel reprend le récit de l'histoire des Olivades du début de ce livre pour aborder le chapitre de la défense de ces terres agricoles toujours menacées :

« *La situation géographique des Olivades, très proche des villes, expose inévitablement la ferme à la pression foncière. Vous vous souvenez que déjà, dans les années soixante-dix au sein du Syndicat Agricole du Littoral Ouest Varois associé au Groupement de Développement Agricole, j'ai fait partie d'un groupe de travail sur l'élaboration d'un Plan d'Occupation des Sols. Nous avons fait la proposition d'un POS avec péréquation sur la Commune de La Cadière dans le Var mais il n'aura pas abouti à l'ajustement des valeurs foncières.*

En 1987, la société Promodès, enseigne Continent, fait l'acquisition de la ferme voisine des Olivades, 10 ha, à cinq fois la valeur agricole. Son projet : construire un hypermarché, l'actuel Carrefour avec échangeur sur l'autoroute. La mairie d'Ollioules fait donc un Plan d'Occupation des Sols (POS) pour que les terrains deviennent constructibles. Les Olivades ne sont plus en zone agricole. Les autorités agricoles, Direction Départementale de l'Agriculture, Chambre d'agriculture et SAFER (Société d'Aménagement Foncier et d'Etablissement Rural), n'ont pas réagi, et ne sont pas intervenues. La SAFER aurait pu faire jouer son droit de préemption avec la possibilité légale de révision du prix d'achat des terres pour qu'elles restent à des agriculteurs souhaitant s'agrandir ou s'installer. D'autant que le Marché Floral Méditerranéen, juste à côté est à son apogée et que l'activité horticole est le fer de lance de l'économie de la commune d'Ollioules. Le maire d'Ollioules décide de l'implantation de l'hypermarché en pleine zone agricole et abandonne la politique de préservation des sites agricoles. Dès le changement du POS nous avons la pression des promoteurs.

Le premier projet d'expropriation totale des Olivades provenant de la Mairie d'Ollioules voit le jour en 1988. Il s'agit de créer une ZAC, (Zone d'Aménagement Concerté) et une Zone d'Entreprise l'année d'après.

Un expert de l'Administration (service des Domaines) nous rend visite pour procéder à l'évaluation de la valeur patrimoniale des Olivades. Il me tient ces propos déconcertants : « Les terres agricoles sur Ollioules ne sont pas chères, la maison est vieille, ce patrimoine ne vaut pas grand-chose. » Un peu plus tard, un jeune technocrate de la Chambre de Commerce, vient nous annoncer le début des travaux, et les bulldozers en septembre 1988, pour tout raser, jusque devant la maison ! Ma tante Germaine, âgée de 89 ans, installée aux Olivades avec mon père et ma mère depuis toujours, succombe à une attaque cérébrale !

Nous défendons le site avec les moyens qui sont les nôtres : la clientèle du point de vente nous soutient déjà beaucoup, de même que nos clients des petits magasins locaux que je servais.

Nous mettons en place un Comité de Défense contre la ZAC Olliolis, nom donné par la Mairie, à leur projet.

Des étudiants de la Faculté d'Aix-en-Provence où mon frère aîné Bernard, enseigne en Sociologie Rurale réalisent un film :

« Haro sur le Quiez » du nom du quartier d'Ollioules où sont situées les Olivades, du latin « quies » qui veut dire « tranquillité ».

Nous faisons une manifestation lors d'un événement festif : les Floralies et une autre, familiale et symbolique, devant la Mairie d'Ollioules dans l'été 1988.

Puis il y a l'enquête publique. Mon père va chercher le commissaire enquêteur, à la Mairie pour lui faire visiter les Olivades. Il est important qu'il mesure de visu, les conséquences de la décision de nous exproprier. Autre importance, est de lui faire goûter le bon vin d'orange et l'huile d'olive de notre campagne. Cela a provoqué un grand désordre à la Mairie, où on a cru que mon père avait enlevé le commissaire enquêteur. La police municipale envoyée à sa recherche, arrive en trombe sur la terrasse des Olivades !

Sensible à nos arguments le commissaire enquêteur donne un avis défavorable au projet.

Avant de prendre l'arrêté d'Utilité Publique (DUP), Monsieur le Préfet réunit les parties à la Préfecture en présence de représentants de toutes les administrations. Notre argumentaire est essentiellement économique. Menacés par une Zone d'Entreprise, nous mettons en avant l'existence et l'activité de notre entreprise agricole. Face à nos arguments, le Maire d'Ollioules n'ayant aucune demande d'installation précise, par d'autres entrepreneurs, le Préfet lui conseille d'enterrer sa hache de guerre avec les Olivades partant du principe que la mise en place d'une zone d'entreprise ne doit pas commencer par la disparition d'une entreprise déjà présente sur le terrain.

En 1995, je trouve opportun de me présenter aux élections municipales pensant que c'est un bon moyen pour arrêter les problèmes fonciers liés à la Mairie.

Je suis donc en tête d'une liste qui obtient 22 % des suffrages exprimés au premier tour, ce qui nous met derrière les autres listes. Nous faisons alliance avec l'une d'entre elles afin d'éviter une triangulaire au second tour. Nous ratons la victoire à 200 voix près et me voilà embarqué pour 6 ans dans l'opposition.

En 1997, le projet de transport en commun en site propre voit le jour. Il va d'est en ouest en desservant Toulon. À la sortie de Toulon, alors qu'il ne va pas jusqu'à Ollioules il dépasse notre quartier, quitte l'axe est/ouest, fait une boucle pour revenir d'ouest en est, se promener à la campagne et couper les Olivades en di-

rection de La Seyne sur Mer. Même si l'objectif est de nous faire partir, l'intérêt général du tramway, transport en commun, justifie globalement la Déclaration d'Utilité Publique. Alors que nous avons gagné contre la commune, nous avons maintenant un projet intercommunal dans lequel chaque commune propose le tracé qui lui convient sur son territoire. Nous n'avons pas qu'un Maire mais sept à combattre. En plus des rails, le projet prévoit une route, une piste cyclable, des trottoirs et des giratoires. Ce énième projet contre le foncier des Olivades occasionne de vigoureux échanges au Conseil Municipal mais il est difficile d'imposer une ligne de défense car je donne toujours l'impression de défendre un intérêt privé contre un intérêt général incarné par la Mairie et les transports en commun. L'enquête publique a lieu en novembre et décembre 1999. La Déclaration d'Utilité Publique par le Préfet du Var, pour le tramway, est prononcée le 26 décembre 2000.

A partir de cette date, nous sommes officiellement menacés d'expropriation. Le premier tracé rase notre maison qui a à peine dix ans.

Au cours de cette première enquête publique, un certain nombre d'anomalies ont lieu : 5 commissaires enquêteurs sont désignés par le tribunal Administratif pour la réaliser. Le président de cette commission d'enquête, démissionne le premier jour parce qu'il ne veut pas servir de caution à cette mascarade. Le commissaire enquêteur, chargé du tracé sur Ollioules, conclut que le caractère d'utilité publique du projet n'est pas démontré. Il refuse de signer les conclusions de la Commission d'enquête.

Tout cela n'empêche pas cette Commission d'enquête de donner quitus au projet et au Préfet et de prendre un arrêté de DUP. Nous attaquons cet arrêté devant le Tribunal Administratif de Nice par le biais de l'Association Intercommunale des Riverains du Transport en Commun en Site Propre que nous constituons en 1998.

Notre recours est rejeté en 2003. Cette même année, avec notre passage 100 % en AMAP et lors de la dernière Fête de la Tomate, est née l'idée de recentrer la défense sur les terres des Olivades. C'est ainsi qu'avec le soutien de citoyens, principalement amapiens au départ, est créée la nouvelle association « La Sauvegarde des Olivades ».

Fin 2003 Hubert Falco, le nouveau Maire de Toulon et Président de la toute nouvelle instance : Communauté d'Agglomération

Toulon Provence Méditerranée (TPM) déclare à France 3 : « Aucune terre agricole et pas un mètre carré des Olivades ne sera concerné par le projet de tramway. »

Cette accalmie est de courte durée. Dès le printemps 2004, nous apprenons qu'une nouvelle enquête publique, modificative de la première, va se tenir prochainement. Cette information nous est donnée directement par la Communauté d'Agglomération TPM. L'élu en charge des transports vient nous rencontrer aux Olivades. Cette enquête modificative a pour objet de modifier le tracé pour éviter notre maison mais aussi pour implanter les hangars de stockage et d'entretien des tramways sur les Olivades !

Pour montrer que nous ne sommes pas seuls à refuser ce tracé, avec « la Sauvegarde des Olivades » à l'initiative de Denise, une marche sur Ollioules est organisée en signe de protestation. C'est en juin 2004, lors de la « Journée Nationale des Jardins ». Cette manifestation va avoir un impact national qui va troubler quand même les élus d'Ollioules et de TPM.

Trois commissaires enquêteurs sont chargés de cette nouvelle enquête. Ils se déplacent sur le site des Olivades ; ils assistent à une distribution de l'AMAP ; ils goûtent au traditionnel vin d'orange maison des Olivades. Ils reconnaissent être impressionnés par la quantité de témoignages de soutien aux Olivades qui leur parviennent de toute la France, du Japon et des Etats-Unis, suite au premier colloque international des AMAP qui s'était tenu à Aubagne en février 2004.

Nous sommes encore plus fortement soutenus par tous les abonnés des Olivades. Certains, compétents dans le domaine de l'architecture, d'autres, ingénieurs sympathisants, travaillent à la présentation de contre-projet de transports en commun sur des axes déjà existants et moins coûteux.

Les personnes qui écrivent aux commissaires nous envoient un double. Nous avons constitué un recueil des lettres de soutien. Il ressort de ces écrits une grande solidarité et une profonde détermination à préserver et sauver les dernières terres cultivées autour des villes. (Voir « une lettre de soutien » en annexe p. 252). Ils sont nombreux à mentionner sur leur lettre une demande aux élus de décréter l'Utilité Publique pour les terres nourricières au même titre qu'un hôpital, un stade ou une école, le sont.

Dans leurs conclusions, les commissaires enquêteurs ont émis des réserves importantes :

– Suppression des routes, des giratoires et tout projet de voirie incompatible pour eux avec un projet de transport collectif.

– Sur le projet de hangars : un refus catégorique de leur implantation sur les Olivades et proposition de les transférer sur une friche industrielle proche de la gare de La Seyne sur Mer.

– Les commissaires proposent aussi le passage du tramway sur le parking de la grande surface voisine ce qui permet de concilier les deux propositions précédentes.

Les élus tiennent compte des deux premières réserves. Nous pensons sincèrement que le dénouement de l'enquête publique va nous être favorable. Pourtant, le Préfet prend une nouvelle DUP modificative en février 2005, attaquée cette fois-ci par la famille Vuillon et non pas par La Sauvegarde des Olivades ; cette association venant, en effet en soutien, ce qui ne nous empêche pas de rester les premiers concernés et d'attendre de longues années avant d'avoir le jugement.

En effet, ce recours sera jugé en novembre 2009 par le Tribunal Administratif de Nice et rejeté une fois de plus ! Le projet de tramway est remis en cause par le maire de Toulon, président de TPM, qui doit finir la traversée souterraine de Toulon, toujours en chantier depuis 1991 !

Nous sommes maintenant dans l'attente de cet appel auprès de la Cour d'Appel de Marseille. La première DUP a 10 ans, fin 2010. Elle aurait dû disparaître toute seule. »

Où en sommes-nous de la menace d'expropriation ?

Malgré tout ce que le livre démontre, sur l'efficacité du concept en matière d'écologie, sur l'agriculture nourricière, sur le choix d'une grande majorité de la société, nous sommes toujours obligés d'être sur la défensive. Les élus et principalement le Maire d'Ollioules, Président du SCOT (Schéma de Cohérence Territoriale), pour rassurer ses administrés, clame publiquement sa volonté de défendre et de maintenir les terres agricoles. Qui pourrait supposer que ses propos sont démagogiques et qu'il s'agit d'un double langage ? Cela fait 23 ans que ses projets nous menacent et que nous résistons, contraints de riposter devant cette incohérente réalité.

Comme un tramway peut en cacher un autre, nous restons sur nos gardes. Nous savons qu'un autre prétexte existe.

Un projet de « Pôle Mer » menacera les Olivades. Une enquête publique a eu lieu en 2010 pour modifier le POS et rendre réalisable un projet de développement intercommunal, sur 35 ha de terres agricoles sur la commune d'Ollioules. Pour désenclaver le pôle mer (sur la terre), et le lier à la mer, une route est prévue, « la Méridienne de la mer », qui forcément traversera les Olivades.

Si l'opération n'est pas déclarée d'Utilité Publique, ce que nous espérons, nous nous maintiendrons sur ces terres, nous ne sommes plus seuls à vouloir préserver l'agriculture paysanne et locale.

Extraction des patates douces
(Photo de Pascal NK1/fokus21.org)

CONCLUSION

J'aurais aimé conclure sans avoir à vous raconter cette lutte perpétuelle. Le contraste est si grand entre l'aspect destructeur de cette menace et l'enthousiasme des acteurs du concept.

L'AMAP se situe dans l'Economie Sociale et Solidaire et j'espère que ce livre l'a prouvé : les amapiens sont des « citoyens responsables ». Nos élus devraient être dans cette démarche, à nos côtés. Ils prendraient conscience que l'agriculture est à un tournant crucial, que nous sommes en train de perdre cette fonction naturelle et qu'il ne reste plus beaucoup de paysans. En 2009, en France, 800 agriculteurs se sont suicidés. En 2010 il y en a eu 400. On peut se laisser aller à penser que l'AMAP est un remède contre le désespoir. N'a-t-elle pas, en peu de temps, contribué tout au moins à maintenir environ 5000 agriculteurs, dans ce concept, dans leur dignité et dans leur rôle fondamental : celui de nourrir.

Nous l'avons constaté au niveau planétaire : l'agriculture nourricière est la pièce maîtresse qui lie indéniablement l'humain à la nature, à la terre et au lieu.

L'AMAP n'est pas « hors sol ». La démarche de l'amapien n'est-elle pas aussi l'attrait inconscient pour la ferme, le paysage et le lieu ?

Les terres nourricières des dernières fermes, quand elles sont proches des villes, ont aussi une fonction paysagère. Visuellement c'est un espace qui attire et qui fait du bien.

Quand on se rend aux Olivades, après avoir passé l'autoroute, les parkings les files de voitures, la zone commerciale et divers dépotoirs, bref, les stigmates de la société de consommation, le visiteur cherche les Olivades et se dit : « Je me suis trompé de chemin. » Et pourtant, une fois franchies la haie protectrice de roseaux de Provence, la couleur apaisante et la diversité des verts des cultures et les formes harmonieuses des grands arbres dominants, qui n'a pas eu le plaisir de découvrir le site ? Le contraste avec l'extérieur saute aux yeux et chaque visiteur nous exprime spontanément cette sensation de « havre » et cette vision qui leur fait du bien. Nous partageons aussi ces valeurs-là, qui nous aident à préserver ce lieu.

ANNEXES

Documents et outils de fonctionnement d'une AMAP

Exemple de contrat

Contrat AMAP des Olivades
Association pour le Maintien de l'Agriculture Paysanne
2011/2012
1re distribution : lundi 4 avril 2011 –
Dernière lundi 26 mars 2012
http://lesolivades.over-blog.fr
www.olivades.com

Le CONTRAT est passé entre
La SCEA les OLIVADES représentée par : André MARTIN responsable des cultures, 257 ch. de la petite Garenne 83190 Ollioules, et le partenaire consommateur, pour l'approvisionnement hebdomadaire en légumes et fruits de la production des Olivades.
La saison annuelle comprend 51 distributions. Pas de distribution entre Noël et le jour de l'an. Tel : local de distribution, de 17 à 19 h 04 94 63 …
Le TITULAIRE : M., Mme, Mlle……………………………………………
Demeurant : ………………………………………………………………
Tel. : ………… Portable : …………….. mail :
En cas de partage du panier
NOM du CO PANIER : ……………………………………………………..
Tel : …………… Portable : . …………… mail :
Les personnes qui se partagent un « panier » remplissent chacune un contrat. Elles s'organisent entre elles pour venir chercher leur panier.
Pour les ½ paniers qui viennent une semaine sur 2, échangez vos coordonnées pour vous mettre d'accord sur vos tours.
Les DISTRIBUTIONS ont lieu aux Olivades de 17 H à 19 H.
Elles sont tenues sous la responsabilité d'un consommateur coordinateur bénévole de la distribution, en présence du producteur, tous 2, membres du Bureau de l'association loi 1901 « AMAP les Olivades ».
Engagement du PRODUCTEUR. Pour mériter la confiance de chaque consommateur, le producteur s'engage à :
– fournir la liste des productions et donner une information régulière sur les cultures et la situation de la ferme.
– fournir chaque semaine une « part de la récolte » ou panier, calculé pour convenir à 2 adultes et 2 enfants.
– s'engage à cultiver sans pesticides ni herbicides, dans le respect de la terre, de la biodiversité et de l'éthique des pratiques en AMAP

– s'engage à la transparence de l'analyse comptable pour le calcul du prix du panier

Le CONSOMMATEUR

Dans le cadre de son engagement dans cette économie sociale et solidaire, le consommateur en AMAP,

– s'engage à venir chercher sa « part de récolte » chaque semaine sur le lieu de distribution, dans les 2 heures imparties.

– à effectuer 2 présences par an, ou « permanence » à l'accueil, pour la distribution des paniers.

– accepte de régler la totalité du montant de la saison par chèque et selon les modalités ci-après.

– accepte de garantir la juste rémunération du travail du producteur incluse dans le prix du « panier »

– accepte de partager les risques liés aux intempéries ou autres fléaux agricoles

– accepte de se partager l'abondance et les surproductions naturelles.

– participe aux divers ateliers à la ferme indispensables à la bonne marche de l'AMAP et à la compréhension des dégâts liés aux aléas climatiques et aux problématiques agraires.

En cas d'impossibilité, ou d'absence il appartient au consommateur de faire retirer son panier par un tiers et de prévenir de tout contre temps éventuel. La récolte étant achetée à l'avance et la production engagée, il est impossible de rembourser le paiement d'un ou plusieurs paniers non retirés. En cas de départ de l'AMAP le consommateur s'engage à trouver son remplaçant.

Prix du « panier », ou « part de récolte » pour l'année 2011/2012 : 25,90 € TTC – Total sur l'année : 1 320 €

Le producteur :

Je, soussigné, André Martin, déclare avoir pris connaissance des obligations stipulées dans ce contrat et confirme mon engagement envers les consommateurs pour le respect des principes de productions et de distributions en AMAP.

Date et signature

Le titulaire

Je déclare avoir pris connaissance des obligations qui m'incombent et confirme mon engagement au titre de ce contrat envers le producteur et dans le respect des règles d'organisation collective de l'AMAP :

Date et signature :

MODALITES de PAIEMENT	51 Paniers	25 demi-paniers partagés chaque semaine	25 Paniers	26 Paniers
Annuel : 1 chèque de 1 320 €		1 chèque de 660 €	1 chèque de 647,50 €	1 chèque de 673 €
Semestriel : 2 chèques de 660 €		2 chèques de 330 €	2 chèques de 323,75 €	2 chèques de 336,50 €
Trimestriel : 4 chèques de 330 €		4 chèques de 165 €	4 chèques de 161,88 €	4 chèques de 168,25 €
Bimestriel : 6 chèques de 220 €		6 chèques de 110 €	6 chèques de 107,92 €	6 chèques de 112,20 €
Mensuel : 12 chèques de 110 €		6 chèques de 110 € tous les 2 mois ou 12 chèques de 55 € par mois	6 chèques de 107,92 € tous les 2 mois ou 12 chèques de 54 € par mois	6 chèques de 112,20 € tous les 2 mois ou 12 chèques de 56,10 € par mois

Calendrier des productions des Olivades saison 2011-2012

ETE	HIVER
– Tomates anciennes (de juin à octobre) – Tomates sauces (d'août à septembre) – Aubergines variées (de juin à octobre) – Poivrons variés (de juin à octobre) – Courgettes variées (d'avril à septembre) – Concombre (d'avril à septembre) – Pommes de terre nouvelle (mars) – Fraises (d'avril à septembre) – Fève (avril à mai) – Aromatiques (d'avril à septembre) dont : basilic vert basilic rouge, persil, ciboulette, menthe, stévia, citronnelle de Madagascar, sauge, verveine, thym, sarriette, romarin, laurier-sauce – Fruits à noyaux (de juin à août) dont : abricot, cerise, pêche, brugnon – Melon (de juillet à août) dont : melon charentais, melon Gallia, melon jaune canari, melon vert – Pastèque (août) – Pastèque à confiture (août) – Maïs blanc sucré (de juillet à août) – Haricots verts (de juin à septembre) – Tomatillos (de juillet à septembre) – Piments variés (août) – Pois Mangetout (de mai à juin) – Fruits à pépins (d'août à septembre) dont : pommes, poires – Courge de St Jean (fin juin) – Pommes de terre (de juillet à mars)	– Cébettes, oignons frais (de novembre à avril) – Ail frais (de mars à avril) – Artichauts (avril) – Betterave (d'octobre à avril) – Blette (d'octobre à avril) – Carottes (d'octobre à mai) – Céleri (de novembre à février) – Céleri rave (de janvier à mars) – Chayotte (jusqu'en novembre) – Choux (de novembre à mars) dont : chou vert à feuilles lisses, à feuilles frisées, chou pointu, chou rouge, chou brocoli, chou-fleur, chou rave, chou navet rutabaga – Courges (d'octobre à mars) – Herbes à mesclun : cresson de terre (d'octobre à avril) – Roquette (d'octobre à avril) – Epinards (de novembre à avril) – Fenouil (de novembre à décembre) – Patates douces (d'octobre à novembre) – Panais (de novembre à février) – Navets (de novembre à avril) – Poireaux (d'octobre à avril) – Radis (d'octobre à avril) – Salades (d'octobre à avril) dont : laitue, rougette, frisée, scarole, batavia blonde et rouge, feuille de chêne, chicorées (trévise), mâche – Pousses chinoises (de novembre à avril) : moutarde-mibuna – Topinambours (d'octobre à janvier)

Rôle du comité de pilotage dans l'AMAP

C'est la répartition du rôle des amapiens pour la coordination du fonctionnement de l'AMAP. Elle s'est faite sur la base du partenariat autour « du jardin maraîcher », dans un projet commun, producteur-consommateurs mais elle est reproductible et adaptable pour la distribution de tout produit sous contrat avec un producteur en AMAP.

Dans chaque AMAP, le **« comité de pilotage » ou « de coordination »** est formé de volontaires et bénévoles, qui se mobilisent, en lien avec l'agriculteur, pour la création, l'organisation de l'AMAP et le fonctionnement de la distribution des paniers.

Il coordonne « la permanence », c'est-à-dire l'accueil et l'émargement des amapiens qui viennent prendre leur panier.

En général et dans la réalité historique, beaucoup d'AMAP se sont créées grâce à la disponibilité et l'investissement d'une personne volontaire.

Le coordinateur

Un coordinateur, souvent à l'origine de la création de l'AMAP est **responsable de la distribution.** Lui et le producteur représentent officiellement l'AMAP.

Le coordinateur prépare toute la logistique, les documents nécessaires, en amont de la distribution. Il est le porte-parole du groupe. Avec le producteur, le coordinateur est présent à chaque distribution. Il en supervise toute l'organisation :

– Il assure une des principales fonctions, **la communication,** pour que tous les amapiens aient les informations indispensables à la bonne marche de l'AMAP.

– Il gère la liste d'attente où il a inscrit les coordonnées des consommateurs candidats à l'AMAP

– Pour les inscriptions pour la nouvelle saison, il supervise un « comité spécial inscriptions ».

– Il s'assure que les inscriptions sur le tableau de la permanence à l'accueil sont prévues pour les distributions à venir. Ce tableau reste visible sur la table d'accueil.

– Il distribue les documents d'évaluation de la saison et les récupère.

– Avec le producteur, il organise les réunions avant chaque nouvelle saison pour faire le bilan, le planning de production, le prix du panier et le nombre d'adhérents.

Il est conseillé de prendre les nouvelles inscriptions sur le lieu de la distribution, en présence du producteur. Les nouveaux assistent à la démonstration de la distribution et rencontrent le producteur avec qui ils échangent. Ils visualisent aussi les rôles du Comité de pilotage.

Les tâches de coordination peuvent être réparties à d'autres volontaires. En cas d'indisponibilité, le coordinateur organise son remplacement. La participation active du comité, et l'organisation de la distribution, avec le producteur, réalise un gain de temps et un gain économique appréciable, qui contribuent à assurer la viabilité et la durabilité de l'AMAP.

Beaucoup de coups de téléphone à la création, surtout. Environ deux heures par semaine tout au long de l'année, en plus des réunions. Des connaissances en informatique sont nécessaires.

Le trésorier

– Organise les réinscriptions un mois avant la fin de la saison.

– En fonction des places disponibles, prend les nouvelles inscriptions.

– Collecte, enregistre les chèques et fait les enveloppes de dépôt des chèques selon les modalités de paiement.

– Remet les enveloppes au fermier.

– Gère la cagnotte du groupe d'amapiens

Des connaissances en informatique et en gestion sont nécessaires. Trois heures par semaine pendant les inscriptions et une heure par mois pendant le reste de l'année.

Autres rôles

Plus ponctuels, ils peuvent être cumulés ou partagés en fonction des besoins et disponibilités.

– **Les animations** sur la ferme comme fêtes, ateliers de jardinage ou de cuisine, en lien avec le producteur qui les prévoit dans l'organisation de son travail.

– **Les animations pour les enfants** à la ferme : « initiation au jardinage », divers ateliers.

Le comité et les autres productions sous contrat

Un comité gère une unité de production, une AMAP. Il peut difficilement en gérer deux. L'investissement de chacun des partenaires prend du temps, il est bénévole. Pour soutenir une autre production et aider une autre ferme à distribuer son produit, sous « contrat », **un autre coordinateur, ou référent,** doit prendre en charge cet autre partenariat.

La participation des consommateurs est bénévole et solidaire. Il est important de partager ces tâches pour ne pas se laisser submerger par le rôle. Une mauvaise répartition des rôles aboutirait à une saturation et une démobilisation du plus motivé des militants et de fait, risquerait de compromettre la bonne marche de l'AMAP.

La permanence à la distribution

La permanence est un rôle d'accueil et de responsabilité de la prise des paniers d'une distribution hebdomadaire, d'une AMAP autour « du jardin maraîcher », dans un projet commun, producteur consommateurs. C'est une organisation reproductible et adaptable pour la distribution de tout produit sous contrat avec un autre producteur.

Chaque amapien participe au moins une fois, (à tour de rôle) à cette tâche. Tout doit être prêt avant la distribution pour garder la convivialité et le bon déroulement de l'AMAP. Effectuer la permanence c'est :

– Se rendre disponible avant l'heure pour aider à la mise en place des produits.

– Accompagné par le coordinateur : préparer la feuille d'émargement, lire la composition du panier sur le tableau et s'informer des consignes ou des informations à faire passer.

– Accueillir un à un les adhérents, ce qui permet de bien connaître le fonctionnement pratique de l'AMAP et de comprendre les rouages du système qui n'est ni commercial, ni un mode de consommation habituel.

– Cocher le passage de l'amapien.

– Rappeler la permanence à l'amapien inscrit pour la semaine suivante afin d'éviter les oublis.

Dans ce concept, il n'y a pas d'intermédiaire, c'est pourquoi une organisation rigoureuse est indispensable. L'implication du consommateur favorise sa prise de conscience d'être acteur de l'AMAP et sa compréhension du fonctionnement de la ferme. La participation active des amapiens à l'organisation de la distribution, avec le producteur, réalise un gain de temps et un gain économique appréciable, qui contribuent à assurer la viabilité et la durabilité de l'AMAP.

Exemple de feuille d'émargement mensuelle
Janvier AMAP LES OLIVADES Automne/hiver 2009-2010

n°	NOM	08/01	15/01	22/01	29/01
1	M.				
2	Mme				
3	M et Mme				
5	Mme				
5 bis	Mme				
6					
7					
8					

Quantités de plants, semences, tubercule…				
Produits	Nb de semaines de ré-colte	Qté / panier/ semaine	Qté/ plants semences	marge sécu-rité 20 %
artichaut	8	4	5	6
aubergine plein champ	12	4 u	4	5
aubergine serre	20	4 u	6	7
betterave plein champ	30	3 u	90	108
betterave serre	10	3 u	30	36
blette serre	26	1 b	6	7
broccoli	15	1 u	15	18
carotte plein champ	30	10 u	300	360
carotte serre	10	10 u	100	120
céleri	13	1 b	6	7
chicorée frisée	13	1 u	13	16
chicorée scarole	20	1 u	20	24
chou chinois	9	1 u	9	11
chou-fleur	15	1 u	15	18
chou pointu	14	1 u	14	17
chou pommé (rouge et vert)	26	1 u	26	31
chou rave	8	2 u	16	19
chou rutabaga	8	2 u	16	19
concombre Rawa	12	4 u	2	2
courge	30	2 kg	10	12
courgette plein champ	9	4 à 12 u	6	7
courgette serre	13	4 à 12 u	6	7
épinard plein champ	10	500 gr	144	173
épinard serre	10	500 gr	144	173
fenouil	8	3 u	24	29
fève	6	1 kg	12	15
fraise été	16	250 gr	8	10
fraise printemps	12	500 gr	12	14

Produits	Nb de semaines de ré-colte	Qté / panier/ semaine	Qté/ plants semences	marge sécurité 20 %
haricot mangetout	8	500 gr	4	5
mâche serre 1	7	500 gr	96	115
mâche serre 2	12	500 gr	144	173
melon canari	8	1 u	4	5
melon charentais	4	2 u	4	5
melon vert	8	1 u	4	5
navet	20	6 u	120	144
oignon frais	20	4	80	96
oignon sec	20	10 u	200	240
panais plein champ	22	3 u	66	79
pastèque	6	1 u	4	5
persil	40	1 b	54	65
poireau	26	8 u	208	250
pois mangetout	4	400 gr	10	12
poivron plein champ	12	4 u	4	5
poivron serre	20	4 u	6	7
pomme de terre plein champ	30	2 kg	4	5
pomme de terre serre	5	1,5 kg	0,75	1
radis japonais Day Kon	10	2 u	20	24
radis sur 5 rotations	20	20 u	400	480
rougette	10	2 u	20	24
salade	38	2	76	91
tomate plein champ	10	3 kg	10	12
tomate sauce	2	10 kg	4	5
tomate serre 1	8	3 kg	8	10
tomate serre 2	10	3 kg	8	10

Exemple de répartition des charges dans le prix du panier pour la SCEA des Olivades

Exercice du 1er avril 2009 au 31 mars 2010

Détail des comptes de la balance	HIVER	ETE	%
6011 ENGRAIS	50%	50%	2.04
6012 SEM.PLANTS	30%	70%	9.55
6013 PAILLAGE+PROTECTION CULTURE	50%	50%	2.89
6018 CARBT COMBUSTIBLES	50%	50%	0.46
6024 FOURNITURE BUREAU	50%	50%	0.17
6026 EMBALLAGES	50%	50%	0.90
6063 EDF	50%	50%	0.67
6065 EAU	50%	50%	2.57
6066 FOURNIT.ENT.EQUIP.	50%	50%	0.45
606601 PETIT MAT.IRRIGATION	50%	50%	2.11
6131 FERMAGE	50%	50%	4.22
6132 LOCATION MATERIEL	50%	50%	0.12
6152 ENT.AG.AMENAG.	50%	50%	0.38
6155 REPARATIONS ENTRETIEN	50%	50%	1.77
6156 MAINTENANCE	50%	50%	0.17
6168 ASSURANCES	50%	50%	0.98
618 DOCUMENTATION	50%	50%	0.08
6210 PERSONNEL EXTERIEUR	50%	50%	1.70
6226 HONORAIRES	50%	50%	1.22
6251 TRANSPORTS DEPLACEMENTS	50 %	50 %	0.81
623/624 PUB.FORM.TRANSP.	50%	50%	0.17
6260 FRAIS PTT/TEL	50%	50%	0.88
6270 SERV.BANCAIRE ET AUTRES	50%	50%	0.47
631 TAXES	50%	50%	0.23
6410 REMUNERATIONS SAL+CHARGES	50%	50%	53.44
646 COTISATION EXPLOITANT	48%	52%	1.67
66 INT.M. ET LT	50%	50%	0.38
67 CHARGES EXCEPTIONNELLES	50%	50%	0.30
6811 AMORTISSEMENTS	50%	50%	7.44
TOTAL DES CHARGES	50%	50%	100

Prospectus de l'AMAP des Olivades

A.M.A.P. les Olivades
Association
(producteur/consommateurs)
pour le Maintien d'une Agriculture Paysanne

Daniel, Denise VUILLON
Les Olivades : 04 94 30 03 13
257 Chemin de la Petite Garenne 83190 Ollioules
courriel : vuillon@olivades.com

et André MARTIN
Tel. 06 50 47 57 51
Tel heures distribution :
04 94 63 68 79 (de 17 à 19H)
Site www.olivades.com

En 2001, Daniel et Denise Vuillon, producteurs aux Olivades, créent la 1ère AMAP avec un groupe de consommateurs d'Aubagne (13). Aujourd'hui, l'équipe des Olivades est composée d'André Martin, responsable des cultures, Abdelhac, Sophie et Marie. Denise est chargée de la communication. Daniel est gérant de la SCEA Les Olivades.

Les Olivades

La ferme est située sur les communes de Toulon, Ollioules et la Seyne/Mer. L'exploitation produit des légumes frais toute l'année et se compose de

– 4 hectares de légumes de plein champ
– 3.5 hectares en vergers diversifiés
– 1.5 hectares de serres

Pourquoi une AMAP ?

Dans notre Région les exploitations agricoles, sont toujours fortement menacées de disparition.

Le fermier et chaque consommateur du groupe s'associent en AMAP. C'est une alternative économique sociale et solidaire elle permet de maintenir l'Agriculture Paysanne.

Le fermier reçoit en début de saison, le paiement (voir modalités), des paniers qu'il distribue après la récolte. Par ce système, vous consommateur garantissez au fermier un revenu et l'assurance de l'écoulement de la production. Vous contribuez ainsi à maintenir les terres nourricières proches des villes, le métier de paysan et ses savoir-faire. Vous savez d'où viennent les produits, ils sont frais, sains donc à forte valeur nutritive. Ils ont bon goût. Vous mangez des produits de saison au rythme de la nature.

Est-ce que les produits sont biologiques ?

La ferme n'utilise pas de pesticides ni herbicides. Pour soigner la terre et fertiliser les productions les apports sont organiques. Les pratiques sont celles de l'agro écologie : lutte intégrée, apport d'auxiliaires pour lutter contre les parasites dans le respect des équilibres naturels du vivant. C'est un engagement dans la confiance et la responsabilisation des acteurs.

Où et comment se passe la distribution ?
Vous êtes accueilli par le bénévole à la permanence (que vous assurez à tour de rôle) qui tient la feuille de présence. C'est un « comité de pilotage », consommateurs, coordinateurs bénévoles qui avec le producteur toujours présent, prend en main le fonctionnement de la distribution.
La composition du panier de la semaine est inscrite sur un tableau. Les produits sont fraîchement cueillis, partagés en « parts » et présentés dans leur caisse. Vous remplissez votre panier.
Dans l'AMAP, la communication est très importante, à l'accueil on vous remet la Lettre qui vous donne régulièrement des nouvelles du jardin et des informations générales. L'AMAP vous propose des recettes ou des conseils pour des produits nouveaux ou peu connus. Vous pouvez être sur la liste de diffusion pour recevoir toutes les informations par Internet ou consulter le site ou le blog.

De quoi est composé ce panier ?
Le panier est une « part » de la récolte. Le poids varie selon la saison et le stade des productions. Au début de la saison le producteur vous distribue le calendrier de toutes les productions.
Vous avez un minimum de 10 produits différents.

Si je suis seul, est-ce que je peux prendre un demi-panier ?
Le panier est calculé pour convenir à 3 adultes ou, 2 adultes avec 2 enfants. Mais vous pouvez vous entendre avec quelqu'un pour prendre un demi-panier chacun.

Y a-t-il des contraintes ?
Par votre engagement solidaire vous partagez avec le fermier les risques dus aux aléas des cultures et du climat. Mais, sauf catastrophe, les productions sont suffisamment diversifiées pour que l'abondance des unes compense la pénurie d'une autre. Vous aurez aussi le partage des surproductions d'été pour faire des confitures et des conserves.
Parmi les contraintes, il y a le fait que vous ne choisissez pas les produits ni leur calibre. Quand vous vous servez vous partagez équitablement (petit, moyen et gros) quand les calibres sont mélangés dans la caisse.

Visiter la ferme ?
Il est important que vous participiez au pique-nique organisé avant le début de la saison pour faire connaissance avec la ferme, déguster les produits, visiter le jardin et échanger toutes les informations nécessaires avant votre engagement à l'AMAP.
Comme il est important que vous participiez au moins deux fois par an à des ateliers au jardin.
En période de grosse production, des animations sont prévues pour rentrer les pommes de terre, ramasser les fruits etc. Vous pouvez être sollicités pour un désherbage ou autres « coups de mains » ponctuels mais nécessaires à la ferme.

Combien cela coûte-t-il ?
Le prix du panier n'est pas basé sur le cours du marché selon l'offre et la demande. Il est déterminé par le coût des productions, les salaires, les charges et la juste rémunération du producteur. C'est un prix moyen, le même toute l'année.
Vous avez 51 paniers par an. Pas de distribution la semaine entre Noël et le jour de l'An.
Prix du panier pour l'année 2011-2012 : 25.90 euros

Modalités de paiement :
Vous avez la possibilité de payer :
L'intégralité, par semestre, trimestre, bimestre ou encore en douze mensualités.
Règlement à la signature du contrat d'engagement. Les chèques sont remis à l'inscription.

Le contrat
Un contrat d'engagement est signé par le producteur et chaque amapien annuellement. Un exemplaire est remis au producteur, au consommateur et au coordinateur.

Si je ne peux pas venir prendre mon panier ?
Si vous avez un problème pour venir chercher votre panier, un ami, un parent ou un voisin peut venir le chercher à votre place.
Pensez à prévenir ou téléphoner avant la distribution afin de ne pas gaspiller votre panier.

Rôle du consommateur
Une AMAP ne peut fonctionner sans consommateurs bénévoles, qui forment un « comité de pilotage ou de coordination » et assurent le bon fonctionnement de la distribution. C'est un partenariat.
Le coordinateur bénévole est toujours présent avec le producteur pour superviser, coordonner et renseigner les nouveaux amapiens.
Le coordinateur supervise l'accueil à la permanence, la diffusion de l'information et, avant chaque saison, organise le renouvellement des anciens. Ensuite il prend les nouvelles inscriptions. Il recueille les chèques, établit le listing des membres de la nouvelle AMAP et prépare les documents de base pour la distribution. Aux Olivades l'AMAP est formalisée (loi 1901). Le bureau de l'Association est composé des coordinateurs de chaque groupe et du producteur.

Pour faire partie de l'AMAP
Avant de vous inscrire, venez aux Olivades, nous rencontrer, ainsi que :
Les coordinateurs des 3 distributions :
de 17h à 19h.

LUNDI : Didier Biau – Dany Benhamou
MERCREDI : Brigitte Mir – Christine Guyot – Chantal Tillaye – Sophie Durieux – Liliane Rigal.
VENDREDI : Marie Pierre Richaud – Chantal Devillers

Nous pouvons vous aider à créer une autre AMAP, avec le Centre de ressources pour l'essaimage des AMAP en France :

CREAMAP France
http://www.amap-france.fr/

Divers textes et analyses

Hymne à la biodiversité

En Europe et en Amérique du Nord 98 % des milliers de variétés potagères cultivées au début des années 1900 ont disparu en l'espace d'un siècle...

Il existe sur la planète des dizaines de milliers d'espèces partiellement ou totalement alimentaires. De nos jours une vingtaine d'espèces seulement fournissent 95 % des calories alimentaires de l'humanité. Les mêmes hybrides et transgéniques sont cultivés sur la planète sans passé et sans futur.

Les jardiniers et les petits paysans ont préservé les ressources génétiques au fil des millénaires. Ce sont eux-seuls qui peuvent œuvrer à élargir de nouveau la base alimentaire...

Il faut passer d'une vingtaine d'espèces alimentaires cultivées à des milliers ; ce ne sont pas quelques variétés qu'il nous faut cultiver mais des centaines en harmonie avec leur environnement. Il nous faut partir à la découverte de formes, couleurs, goûts et parfums qui existent encore aujourd'hui pour notre plus grand plaisir mais aussi pour que nos enfants, petits-enfants et les générations futures aient encore la chance que nous avons aujourd'hui de pouvoir les redécouvrir.

La biodiversité est donc une aventure par l'aspect découverte et un challenge pour le futur.

Que vivent encore longtemps les 120 parfums différents du basilic, les milliers de variétés de tomates anciennes, les 450 poivrons, sans oublier les variétés locales : l'aubergine violette de La Seyne sur Mer, la fraise de La Valette, l'artichaut blanc Hyérois, le poivron précoce d'Antibes, l'oignon rouge de Simiane, l'ail de Brignoles etc.

Daniel Vuillon

La gazette des jardins - janvier 2000

Le bug du Jardin des Délices

On attendait le bug pour la Saint Sylvestre, il devait être informatique et on a eu la tempête, phénomène dit naturel au lendemain de Noël. Ce changement de millenium (et non millénaire) mouvementé nous pose de vrais problèmes qu'il faudrait commencer à avoir le courage de regarder en face.

La responsabilité des hommes dans la marée noire due au naufrage de l'Erika est évidente, et chacun peut en faire l'analyse, désigner les responsables ; aux "Politiques" et à la Justice de faire le nécessaire pour éviter que cela ne se reproduise et faire payer la remise en état des lieux par les pollueurs. La responsabilité des hommes dans la tempête semble moins évidente mais, aux dires d'experts, ces phénomènes climatologiques n'ont rien de naturel : ils viendraient du réchauffement de la planète qui lui est dû à l'homme. Il est vrai que notre vieille Terre en a connu des vertes et des pas mûres depuis sa lointaine origine. Mais si des vagues successives de réchauffement et de refroidissement ont jalonné son histoire, cela s'est produit avec des fréquences de plusieurs millions d'années. L'originalité du phénomène d'aujourd'hui, c'est qu'il est dû à des causes qui ont un demi-siècle d'existence. L'augmentation très brutale de la température de la planète a pour raison essentielle une surconsommation d'énergie.

La liste des catastrophes, ces dernières années, est longue : sang contaminé, vache folle, inondations, tempêtes, marée noire... Alors, ne devrions-nous pas profiter de ce renouveau de l'an 2000 pour mettre en cause notre mode de vie ? La démarche doit être individuelle car il serait trop facile de dire "Mais que font nos gouvernements ?" ou "Je me remettrai en cause si tout le monde le fait" .La planète est en danger et, avec elle, vous et moi. Le sang contaminé a tué des milliers d'innocents, la vache folle des dizaines (et ce n'est qu'un début) et la tempête 74 en trois jours. Derrière ces drames, une seule cause : le profit. Et comment ce profit est-il possible? Par notre consommation aveugle. Alors, ouvrons grands nos yeux, regardons droit dans les cieux notre belle planète, en commençant par notre environnement le plus proche.

A la maison, au bureau, au lieu de vivre en chemise ou T-shirt, à une température de 24 °C, on peut mettre un pull de laine, faire descendre le thermostat à 18 ou 19 °C et vivre tout aussi confortablement. Ces 5 à 6 °C économisés sont énormes sur le plan énergétique. On se passe aussi très facilement de climatisation dans les habitations, les bureaux, les voitures. Alors que 1999 a été l'année de la voiture, il paraît complè-

tement ringard de se poser des questions sur cette extraordinaire folie humaine. Et pourtant, il le faudrait : 7000 à 8000 tués sur les routes par an, autant d'invalides, pollution mesurée et constatée dans les villes... A table également, la priorité donnée aux produits de proximité et de saison amènerait une sacrée économie d'énergie : production, transport et distribution.

La prise en compte du devenir de notre Terre saute aux yeux lorsque l'on regarde nos enfants, nos petits-enfants, nos arrières petits-enfants. Quelle planète leur réservons-nous? Que faire pour être sûrs qu'ils vont vivre et grandir dans un univers le plus beau possible ? Que faire pour qu'ils puissent accéder à une nourriture de qualité, respectueuse de leur santé et de la santé de la Terre ? Ne devons-nous pas, dès maintenant, nous en occuper? Oui et il est grand temps de le faire.

L'avenir de la planète est entre nos mains

Dans le domaine de mes compétences, et après30 ans de loyaux services à l'agriculture et d'attachement démesuré à mon terroir, je me pose, comme vous, beaucoup de questions. Ma vie professionnelle a connu des passions différentes :

– Lors de la première décade, et dans la fougue de la jeunesse, le syndicalisme me paraissait être le moyen de préserver, protéger et développer notre agriculture méditerranéenne.

– Dans la deuxième décade, l'organisation économique de l'agriculture m'a semblé être une réponse appropriée à un monde sans cesse en mouvement, pour assurer la survie de notre agriculture.

– Durant la troisième décade, les excès du productivisme m'ont amené à développer, au moins à titre personnel, une agriculture raisonnée, respectueuse de l'environnement, dans le cadre d'une forte biodiversité et la recherche du meilleur goût et de la meilleure qualité nutritive. Dans le même temps, ce terroir consciencieusement entretenu est passé d'une zone agricole en une zone périurbaine avec tous les avantages et les inconvénients (plus proche des consommateurs, mais plus convoité pour d'autres activités).

Au travers de mon parcours, je m'aperçois qu'aucune piste n'a permis de pérenniser l'agriculture : en région PACA, le nombre d'entreprises agricoles a diminué d'un tiers ces dernières années, passant de 45000 à 30000 exploitations.

On doit imaginer malgré tout, pour économiser l'énergie et pour sauvegarder notre terroir, des modes de fonctionnement différents de ceux d'aujourd'hui. Si nous considérons comme prioritaire le maintien d'espaces productifs de proximité proposant les produits sains et gustatifs nécessaires à notre alimentation, sur la base de techniques qui enrichissent la terre au lieu de l'appauvrir, en consommant le moins d'énergie possible, alors nous devons, d'une part sauvegarder les terres agricoles (1/3 de la surface en région PACA, soit 900000 ha sur 3000000 ha) et, d'autre part, inventer des fonctionnements économiques nouveaux.

A l'heure actuelle, quand vous avez besoin de fruits et légumes pour votre consommation, vous allez les acheter dans une grande surface (80 % du tonnage passe par la grande distribution).

Vous ignorez pratiquement tout du produit que vous acquérez : son origine, qui l'a fait pousser, sur quel terroir, suivant quelles techniques, le prix payé au producteur, ses qualités nutritives, l'éventuelle existence de résidus de pesticides... De la même façon, le producteur ne sait pas qui va consommer son produit, à quel prix, ni ce que précisément ce consommateur recherche. Dans ce système, incontestablement, les ficelles sont tirées par les intermédiaires entre producteurs et consommateurs.

Un fonctionnement différent, c'est possible

Imaginons qu'un certain nombre de consommateurs décide la chose suivante : pour nous, la priorité est la traçabilité (un mot très en vogue aujourd'hui), nous souhaitons trouver un producteur qui nous produise des fruits et légumes sains, gustatifs, de saison, sur un terroir de qualité méticuleusement entretenu. Nous souhaitons tout connaître de ce que nous mangeons, mais aussi de là où ça pousse et de comment ça pousse. En contrepartie, en début d'année, nous donnons à notre producteur une somme d'argent correspondant à notre adhésion dont le montant est calculé pour recevoir un panier hebdomadaire des produits de l'exploitation. L'avantage pour le producteur est d'être payé avant de produire, de savoir qu'il vend tout ce qu'il produit, restant ainsi en dehors de la spirale infernale des prix du marché, de connaître personnellement le consommateur de ses productions. Utopie me direz-vous! Peut-être! Mais, savez-vous que cela, qui s'est exactement passé au Japon au début des années soixante, fonctionne toujours aujourd'hui ? Savez-vous que cela existe même en Europe, en Suisse, Allemagne et Hollande ? Savez-vous que ce système est également implanté aux Etats-Unis ? Eh oui, sur cette terre si décriée où José Bové a fait un tabac avec ses 240 kg de Roquefort (à Seattle), il existe 1000 C.S.A. (Community Supported Agriculture) dont 70 implantées dans l'état de New York. Au travers de sa C.S.A., une famille new-yorkaise, en plus de produits de très grande qualité, garde une relation avec la nature. En effet, des fermiers joignent à leur panier hebdomadaire une lettre d'information sur la ferme : ce qui s'est passé dans la semaine, le travail, le temps, les problèmes qui expliquent éventuellement pourquoi telle production manque ou au contraire est en excès. A partir de là naissent même des mouvements de solidarité où les excédents de production sont distribués gratuitement aux personnes nécessiteuses (et il y en a beaucoup dans ce pays). A partir de là naissent aussi des mouvements d'entraide à la ferme où les citadins vont participer à certains travaux aux champs. On s'aperçoit que les fermes évoluent et se développent en augmentant leurs activités pour répondre aux demandes des citadins (accueil de classes vertes, ouverture d'ateliers de transformation, développement de nouvelles productions). Et, chaque fois, cela passe par une augmentation du nombre des personnes travaillant à la ferme (création d'emplois).

Et pourquoi pas nous ?

En France, la loi d'orientation agricole adoptée au niveau national prévoit la mise en place de contrats territoriaux d'exploitation (C.T.E.). Il s'agit d'un contrat signé entre l'Etat et un agriculteur qui s'engage à respecter un cahier des charges visant à faire prendre en compte, grâce à une aide financière directe et pluriannuelle, la multifonctionnalité de l'agriculture avec deux volets : Economie sociale et durabilité. Le cahier des charges indique :

– renforcement de l'organisation économique,

– amélioration de la gestion qualitative de l'eau,

– préservation de la biodiversité,

– gestion du paysage et protection du patrimoine naturel (notamment gestion durable de la forêt),

– préventions des risques naturels,

– valorisation qualitative des produits...

Si certains de ces objectifs se rapprochent de ceux des C.S.A. américaines, une différence énorme existe pourtant quant au fonctionnement basé, pour les C.T.E, sur le financement de l'exploitation par l'Etat. Mais que devient la ferme au terme de cette aide ? La pérennité des C.S.A. est assurée, elle, par la volonté des consommateurs, sans aucune aide de l'état.

Espérons que cette ère nouvelle verra naître en France des Associations pour le Maintien de l'Agriculture (A.M.A.) où consommateurs et producteurs définiront de nouvelles règles les responsabilisant les uns vis-à-vis des autres. Espérons aussi que les politiciens suivront et encourageront comme il se doit ces initiatives locales. Pourquoi ne pas envisager la première A.M.A. entre les lecteurs de La Gazette et le Jardin des Olivades (mon jardin des délices) qu'ils ont soutenu par centaines lors de l'enquête publique concernant le projet de tramway de l'aire toulonnaise : 600 signatures déposées auprès des commissaires enquêteurs, bravo et grand merci !

Le bug de l'an 2000 peut être aussi celui du passage du Jardin des Délices à la Ferme des Délices ou, plus généralement, la confiance retrouvée entre la ville et la campagne.

Daniel Vuillon

Si mon projet vous intéresse, n'hésitez pas à m'écrire au Jardin des Olivades, 257 chemins de la petite garenne, 83190 Ollioules

Analyse de contenu de la réunion des producteurs en AMAP
Michèle Salmona

Paris le 25 mai 2005
Mes chers collègues,

J'ai été invitée le 22 mai à une réunion des producteurs en AMAP de Provence à Trets, au pied de la Sainte Victoire. Cette réunion avait pour objectif de réfléchir sur les orientations, les désirs, les besoins, la philosophie des AMAP Provence. Etaient présents en particulier les AMAP qui procèdent à la recherche et à la formation des nouveaux producteurs en AMAP.
Cette réunion a été entièrement enregistrée, les cassettes sont en possession de la famille Vuillon. La réunion a duré trois heures.
Avant que ma mémoire ne flanche je vous en fais une analyse de contenu qui n'est probablement pas exhaustive mais qui peut aider à penser le présent et le futur des AMAP Provence et à conduire les actions de ces AMAP dont le nombre augmente de manière considérable.
Les AMAP ont déjà trois ans, ce sont des petits-enfants qui commencent à *marcher, à comprendre les différentes tâches qui leur sont imparties en dehors de la production de légumes et de la vente contractualisée de ces légumes à des familles désireuses d'une nourriture saine (sans chimie ou presque) pour leurs enfants. Ils savent analyser cette étape si difficile qui leur a permis de réunir un capital d'informations techniques, sociales, relationnelles et de penser l'ensemble des responsabilités qu'ils portent et des taches qui leur incombent.*

Inventaire des thèmes principaux qui sont revenus de manière récurrente dans la discussion
Cette liste n'est donc pas présentée dans l'ordre d'apparition ni dans une hiérarchisation du premier au dernier. Elle n'est pas non plus exhaustive. Tous ces thèmes sont importants pour les AMAP.

Analyse thématique

Qu'est-ce qu'une AMAP ?
C'est une cellule humaine compliquée composée de deux cellules humaines, la famille productrice et la famille consommatrice. Cette complexité de l'alliance de ces deux cellules et de ces échanges, de son développement et de sa créativité pose des questions centrales :

Quelles sont les différentes tâches d'une AMAP ?

Les activités de travail et les tâches d'une AMAP sont beaucoup plus nombreuses que les tâches d'une exploitation agricole : si les activités de production posent des problèmes techniques liés à la culture sans chimie et des problèmes pédagogiques liés au stockage des savoirs capitalisés par quelques AMAP qui fonctionnent depuis un certain temps (en particulier la famille Vuillon) les autres tâches relèvent :
– de compétences concernant la relation agriculteur consommateur, les conflits qui peuvent naître dans cette relation mais aussi les innovations qui peuvent être produites et gérées en commun. Ces compétences relationnelles sont très importantes dans l'innovation AMAP. En effet elle demande une capacité d'écoute importante tant de la part des agriculteurs producteurs que de la part des consommateurs avec qui ils sont contractualisés. Cette compétence de l'écoute et de l'acquisition de savoir-faire affectif, relationnel, sociaux n'existe pas chez tous les acteurs qui participent aux AMAP, producteurs et consommateurs.
Elle peut s'acquérir ou s'améliorer à partir de formations adaptées. Ces formations sont déjà mises en pratique par les acteurs de plusieurs AMAP fondatrices qui enseignent aux nouvelles AMAP des rudiments de cette relation producteurs consommateurs. Comme pour les savoirs techniques Largement capitalisés chez les AMAP fondatrices, les compétences relationnelles également capitalisées chez ces dernières constituent un stock de compétences et de personnes possédant ces compétences. Ces personnes ressources peuvent rapidement améliorer les compétences des autres AMAP après avoir formalisé les grandes lignes des formations techniques – et pédagogiques – relationnelles sociales.
Ce petit groupe d'AMAP fondatrices considère qu'il est l'expert des savoirs, des compétences des AMAP et le mieux placé pour former les autres AMAP. S'il a besoin de formateurs et de spécialistes c'est pour utiliser ces derniers à des fins de mise en forme des contenus, des méthodes et des stratégies de formation et des compétences.
En aucune manière il ne s'agit de céder à des organismes de formations extérieurs cet ensemble d'activité dont ils sont les experts. Ils considèrent qu'ils ont besoin de crédits pour embaucher des aides à la mise en forme des pédagogies et des diffusions des pratiques AMAP.

D'autres compétences et d'autres types d'activités et de tâches s'ajoutent aux tâches précédentes :

La responsabilité de sélectionner (avec des consommateurs désignés à cette même tâche faite ensemble) les nouveaux agriculteurs capables de s'inscrire dans la dynamique des AMAP.

Comme pour les compétences techniques, relationnelles, cette compétence de sélection difficile qui met en jeu une responsabilité considérable pour le devenir des agriculteurs contactés, est analysée avec ces dimensions intellectuelles affectives, sociales, par les producteurs en AMAP présents à la réunion[34]*. Elles peuvent être comme les autres compétences, mises en forme par les producteurs en AMAP fondatrices à des fins de formation et de réflexion : là aussi ils sont experts de cette tâche ; Comme pour les compétences techniques et relationnelles cette compétence ne peut être prise en charge par des organismes de formation ou d'intervention extérieurs au groupe fondateur.*
Personne ni aucune structure ne peut remplacer l'expertise capitalisée par ce groupe fondateur et la capacité de ce groupe à diffuser techniques, problèmes et méthodes AMAP.
Michèle Salmona renvoie au sujet de la position du groupe par rapport à la question de l'expertise concernant leur métier et leurs problèmes à la position des malades du sida qui ont su tenir à distance, considérant qu'ils étaient les experts de leur propre corps et de leur maladie, la récupération et la mise en situation de domination désirée par les médecins et les chercheurs.
Cette dernière tâche de sélection pose de multiples sous-questions :
– Comment jauger les capacités d'évolution d'une famille contactée pour devenir AMAP ?
– Jauger sa capacité de tenir les engagements définis dans le contrat et la philosophie AMAP
– Comment gérer l'accompagnement de ces familles une fois qu'elles ont été choisies de manière à leur laisser le temps de changer leur mode de production, leur mode de relation aux familles consommatrices (en effet certaines AMAP ont déjà pris des habitudes relationnelles nouvelles en ayant vendu sur place dans leur exploitation), toutes les familles ne sont pas au même gabarit, elles ne nécessitent pas toutes les mêmes changements, il faut les saisir et les former à partir de l'état dans lequel elles se trouvent et suivre leur transformation technique et relationnelle de manière personnalisée.

Aucun module standard de formation ne peut être appliqué sur toute les AMAP déjà existantes ou en voie d'insertion dans le réseau AMAP.

Ce n'est pas par des procédures standards et bureaucratiques que l'on pourra améliorer ou résoudre le fonctionnement des AMAP. Chaque AMAP déjà existante ou à venir nécessite une réflexion et la mise en place d'un projet personnalisé et à son rythme.

[34] Compte rendu de la réunion disponible sur le site de CREAMAP

Le suivi des AMAP récentes, anciennes ou à venir ne peut se faire ni par la multiplication de procédure bureaucratique régulière et contraignante ni à travers des formes standardisées de formation et d'intervention.
Un autre problème préoccupe le groupe, celui de la certification des AMAP : est-il nécessaire au départ, facilite-t-il ou alourdit-il un réseau dynamique, créatif, en devenir et jeune ? Cette question est loin d'être tranchée.
Les avis sont partagés peut-être cela rassure-t-il les consommateurs AMAP et certains producteurs AMAP mais des opinions opposées s'expriment également dans la réunion.
L'univers des producteurs AMAP est constitué de couples très attachés à des pratiques propres au milieu rural dont ils sont issus, d'autres sont des « néo-ruraux » habitués à l'écriture bureaucratique, au décodage des stratégies de domination des technocrates et des bureaucrates et savent les analyser. Certains participants se sentent en situation « d'infériorité » face à ceux qui écrivent, qui font des textes, qui font des rapports et n'osent plus rien exprimer dans les réunions. Ils ont, disent-ils quelque peur de s'exprimer au sujet des textes, des propositions, des orientations... Cette question de la diversité des participants face à l'écrit mériterait que l'on s'interroge sur la possibilité avant les réunions où des décisions importantes doivent être prises de préparer ces réunions par des rencontres plus informelles ou les différents acteurs des AMAP pourraient préciser leurs pensées, leurs opinons, leurs aspirations et leurs permettraient d'intervenir plus facilement dans les réunions « décisionnels ». La démocratie participative implique des procédures parfois lentes mais nécessaires.

Pour conclure, ce qui ressort de la gaieté, de la créativité, du désir de continuer ensemble l'expérimentation AMAP et d'assumer les responsabilités et les risques de cette expérimentation sociale « et économique » exige : d'accepter la part d'inconnu, d'imprévisible, de non-codable.

Il serait nécessaire de se mettre en tête que l'expérience AMAP depuis sa naissance mobilise les forces vives, l'intelligence, de prise de risque, de créativité d'acteurs <u>producteurs innovateurs</u> prêts à continuer si ce réseau qui grandit « trop vite » ne sombre pas dans des pratiques et des problématiques bureaucratiques frileuses, mortifères uniquement préoccupées d'encadrer à chaque pas ce petit enfant qui commence à marcher avec des trébuchements, des erreurs, des conflits, des hésitations. Le prix de la survie des AMAP c'est d'accepter de ne pas contrôler, verrouiller, « juridiser » chaque étape courte franchie par ces groupes étranges, complexes constitués de producteurs et des familles.

Le risque est sous-jacent dans chaque acte de création collective nouveau dans l'amour, dans la formation et dans l'éducation des enfants et des adultes.

A FORCE D'ENCADRER, DE PREVOIR, DE SIGNER ET DE CONTRESIGNER UNE REALITE SI COMPLEXE FLUCTUANTE ET HUMAINE ON RISQUE DE LA TUER.

Dans la réalité actuelle du monde agricole des petits exploitants, l'expérimentation AMAP remplit différents rôles dont les agriculteurs présents à la réunion définissent la complexité : il s'agit en effet pour un certain nombre d'entre eux de profiter des AMAP et de leur originalité pour sauver de la faillite, de la dépression et du départ de l'agriculture un certain nombre de petits exploitants qui ont pourtant des compétences réelles.
Il s'agit également de faire accéder certains exploitants AB ou non à pouvoir enfin recevoir un revenu correct lié à leurs compétences d'agriculteurs et sortir de la situation délabrée des prix des légumes en France.
Les AMAP offrent des ouvertures vers des secteurs où la pauvreté économique et sociale, la précarité pourraient être enrichies par des relations multiformes avec ces dernières
Bon vent les AMAP.

Michèle Salmona

Compte rendu de la visite de la DDPP

En 2010 une circulaire ministérielle invite les services de la DDPP, Direction Départementale de la Protection des Populations (ancienne DGCCRF Répression des Fraudes) à faire une enquête nationale sur les producteurs en nouveaux modes de vente en circuits courts. C'est le producteur des Olivades qui a été contrôlé, ainsi que tous les producteurs sous contrats qui distribuent aux Olivades, dans le même temps.

– La DDPP recherche d'éventuelles tromperies aux consommateurs et/ou publicité mensongère par rapport à nos engagements écrits sur le contrat en AMAP.

– Sur le « grand livre »de la gestion comptable de la SCEA les Olivades, la DDPP a contrôlé les achats de produits pour la conformité à l'engagement dans des productions sans pesticide ni herbicide ni engrais de synthèse.

Que faut-il retenir du contrôle :

Le contrôle de la DDPP porte sur tous les points d'engagements consignés sur le contrat individuel AMAP, pièce maîtresse de l'association producteur consommateur. Dans la pratique, le Producteur doit fournir la liste des produits qui sont cultivés et qu'il s'engage à distribuer.

– Le mode de calcul du prix du panier en AMAP, n'étant pas celui d'une mise en marché commerciale, il n'y a pas d'étiquette du prix du produit.

– Au moment de la distribution, le producteur doit noter sur le tableau, la composition du panier : la liste des produits, le nom, la quantité ou le poids.

Chaque producteur, quel que soit le produit, s'engage sur un contrat AMAP distinct, avec son coordinateur ou référent, ils organisent leur distribution.

Pour les producteurs éleveurs s'ajoute le contrôle des produits soumis à la réglementation sanitaire de la DSV, (Direction des Services Vétérinaires), à laquelle ils sont habitués : certificat à jour, du contrôle sanitaire, chaîne du froid etc.

Pour les producteurs labellisés AB, il n'y a pas de rapport entre le contrôle de la DDPP et les contrôles des organismes certificateurs.

La DDPP ne contrôle pas l'identité de l'AMAP, le statut de fait ou juridique du partenariat AMAP, ni son appartenance à une tierce structure. Si la charte des AMAP n'est pas mentionnée sur le contrat, rien n'oblige à se rattacher à Alliance Provence (propriétaire du nom).

Compte rendu de la formation en arboriculture biologique du 28 au 30 novembre 2009 à Carpentras

La biodiversité fruitière : utopie, réalité, nécessité !

La demande des consommateurs pour des fruits de qualité augmente de plus de 10 % par an. Paradoxalement l'offre de la production ne cesse de décevoir les consommateurs, les fruits sont chers et mauvais de l'avis général.

Le concept des AMAP l'amène tout simplement vers des modes de production propre et la relance des variétés gustatives même si elles sont moins productives, des cueillettes faites au stade de maturité optimale, la relance de variétés de terroir que la standardisation imposée par le marché a fait disparaître.

Un Centre de Ressources pour l'essaimage des AMAP (CREAMAP France) a été constitué par les acteurs du concept, producteurs et consommateurs en 2007. Ce Centre de Ressources répond aux demandes de producteurs et de consommateurs qui veulent entrer dans le concept sur tout le territoire national.

Les producteurs de fruits en AMAP de toute la France se sont récemment retrouvés du 28 au 30 novembre à Carpentras pour échanger des contraintes du concept sur leur production et comment répondre à la demande grandissante des consommateurs pour de « vrais » fruits !

L'aspect, relance de la biodiversité par l'introduction des variétés locales dite de terroir dans les vergers en AMAP a été longuement débattue. Il a bien été mis en évidence que l'arboriculteur en AMAP ne peut pas faire des collections variétales car il a une obligation de résultats de fournir dans des paniers hebdomadaires les récoltes pré-vendues auprès de ses partenaires consommateurs. Mais dans les collections variétales régionales faites par des conservatoires où des associations type « Croqueurs de pommes », il va identifier les variétés ayant les qualités gustatives et productives satisfaisantes pour être cultivées à nouveau dans des vergers professionnels.

S'il ne le fait pas lui-même, il devra par ailleurs trouver un pépiniériste local pour la multiplication par greffage des variétés retenues.

Dans le groupe des arboriculteurs en AMAP rassemblés dans CREAMAP France, ils échangent sur les vertus de telles ou telles variétés puis, entre régions sur les variétés les plus remarquables et par la suite peuvent échanger par le réseau international des AMAP les ressources végétales entre Pays. C'est ainsi que peut se redéployer la biodiversité et qu'elle peut aussi se régénérer par l'apport de nouvelles ressources génétiques naturelles. Les changements climatiques sont aussi des facteurs à prendre en considération dans l'évolution des variétés de terroir

Il reste un gros travail à continuer dans CREAMAP France :

1) Définir la structure d'exploitation fruitière la mieux adaptée au concept AMAP : surface, conduite, variétés. Des centaines de petites exploitations fruitières diversifiées à proximité des villes doivent être installées pour répondre sans risques à la demande des consommateurs.

2) Faire l'inventaire par régions des variétés de terroir encore existantes même en petite quantité: relations avec les conservatoires type Porquerolles et les associations.

3) Multiplier les variétés retenues

4) Les mettre en culture

5) Echanger entre les régions puis entre Pays

Vaste programme, certes, utopie dirons les uns, nécessité répondrons les plus optimistes, réalité réclament les consommateurs et les générations futures...

Ce qui est sûr, c'est qu'il faut arrêter le carnage: le productivisme, l'insécurité alimentaire sont aujourd'hui responsables de désordres environnementaux excessivement graves. Le retour à une agriculture de proximité responsable, sans effets négatifs sur la santé des hommes et de la planète est une urgence qu'impose le bon sens.

Le marché ne régule pas tout, c'est la constatation actuelle.

Le citoyen en AMAP l'a compris, nos dirigeants pas encore.

Cela va venir dans quelques AMAP de plus...

Tous ceux qui veulent participer à ce challenge qui est aussi une formidable aventure se joignent à nous. La convergence des énergies participe à la sortie de la pire crise qui soit: la crise alimentaire.

Daniel Vuillon Paysan Co-initiateur des AMAP en France
Pour CREAMAP France décembre 2008

Lettre aux commissaires enquêteurs pour la Sauvegarde des Olivades

Docteur Danielle COSTE

Quelques réflexions inspirées Par la Procédure d'Expulsion envisagée contre la ferme des Olivades

Chaque année en France, des centaines d'agriculteurs quittent la terre, ne pouvant faire face à leurs multiples charges financières ; ou bien, à leur retraite, leurs héritiers renoncent à reprendre le fardeau. Et tout le monde, officiels en tête, de déplorer la déprise agricole et la disparition à terme du monde paysan. Mais il existe des agriculteurs heureux, qui parviennent à équilibrer leurs charges, et qui pour rien au monde ne songeraient à abandonner leur terre.

Denise et Daniel VUILLON, et leurs filles, sont de ceux-là. Ils entretiennent et valorisent un territoire transmis par leur famille, selon des modes de production traditionnels, au sens noble de ce terme, et produisent des fruits et surtout des légumes d'une haute valeur gustative, mais aussi nutritive. Ils sont aussi les promoteurs, dans notre région puis en France, d'un concept d'agriculture paysanne susceptible à la fois de s'opposer à la fuite des agriculteurs en leur permettant d'avoir un mode d'activité viable et de procurer aux consommateurs des aliments frais d'un rapport qualité-prix sans équivalent.

Je fais partie d'un des groupes de consommateurs qui bénéficient du savoir-faire des Olivades et leur disparition me navrerait évidemment. Mais c'est à titre professionnel que je souhaite affirmer, de la façon la plus ferme, que la disparition de ces terres fertiles serait une catastrophe dont l'impact irait bien au-delà de la déception des quelques centaines de familles qui en bénéficient actuellement.

En qualité de médecin nutritionniste, je sais l'importance pour le maintien à long terme d'un bon état de santé « Vivre bien pendant longtemps » de la consommation régulière de produits végétaux frais, dont les effets positifs sont multiples et vont bien au-delà de ceux (cancers, maladies cardio-vasculaires) desquels le grand public est maintenant informé.

En qualité de rapporteur de congrès et d'analyste et rédacteur d'articles médicaux et scientifiques, je sais l'importance des "circuits courts" de distribution pour les fruits et les légumes garants d'une teneur optimale en micro-nutriments protecteurs ; je sais aussi l'importance d'un apport diversifié en produits végétaux, garants d'un éventail le plus large possible en ces micro-nutriments ; je sais enfin les risques à court et à long terme de l'agrochimie intensive, à l'opposé des pratiques agricoles des Olivades, résolument respectueuses de l'environnement et de la santé des consommateurs.

En qualité de pédiatre, je sais que les effets bénéfiques de la consommation de produits végétaux frais de qualité sont d'autant plus marqués que cette consommation a commencé tôt dans la vie ; je sais aussi que pour apprécier ces aliments, qu'ils ont souvent tendance à rejeter au profit des produits trop transformés mais tellement bien « vendus » des firmes de l'industrie alimentaire, il n'est pas de meilleur moyen que de les familiariser avec le lieu où ils sont produits et avec les gens qui les produisent : et la proximité des terroirs agricoles et, de ceux qui les animent y contribue évidemment.

Enfin, en qualité de praticien de terrain, je sais comment I'explosion du prix des fruits et des légumes frais rend difficile de prodiguer au plus grand nombre ces conseils de consommation qui ne posaient guère de problèmes pratiques il y a encore quelques années. Or le système de vente directe pratiqué aux Olivades permet de se procurer des produits de haute qualité à des prix souvent bien inférieurs à ceux de produits de moindre qualité obtenus dans d'autres circuits de distribution.

A l'heure où les officiels se penchent sur les moyens de pérenniser, malgré la pression foncière, l'agriculture péri-urbaine, la perte de ces terres fertiles tout près de l'agglomération d'Ollioules, serait un non-sens. A l'heure où ces mêmes officiels reconnaissent les limites et les effets pervers de la mondialisation appliquée à l'agriculture, et où la multifonctionnalité de l'agriculture est devenue une évidence, empêcher ce modèle agricole de se développer serait dommageable pour l'ensemble de la société, et en particulier pour les générations futures. Aux Olivades, on ne se contente pas de fournir des produits de terroir d'une haute valeur. On contribue aussi à la pérennisation et à la transmission de notre patrimoine culturel, tant il est vrai que les paysages et les pratiques agricoles font partie intégrante de notre culture, au même titre que d'autres secteurs d'activité généralement considérés comme plus nobles ; elles sont en outre un mode idéal de communication entre générations et de valorisation de ces liens trans-générationnels.

Au-delà de la perte que représenterait localement l'élimination de la ferme des Olivades, l'impact symbolique de l'élimination des promoteurs du maintien de l'agriculture paysanne au niveau national et européen serait sans nul doute fort dommageable pour l'image de notre région.

Enfin, il va sans dire que, en tant que médecin spécialisé en santé environnementale, ce n'est pas le principe du tramway mais les diverses conséquences des choix techniques concernant son implantation que je déplore.

Quelle est d'ailleurs la cohérence d'un projet dont I'une des justifications est la réduction de sources de pollution, et qui élimine en pratique de précieux et rares fournisseurs de chlorophylle à proximité d'une agglomération qui est loin d'en compter en excès ? Et au fait le fast-food et le concessionnaire automobile voisins sont-ils situés dans le périmètre d'expulsion ?

Ce 21 septembre, comme cela se fait plusieurs fois dans l'année, les Olivades étaient ouvertes à qui le voulait pour un grand pique-nique familial. Des dizaines d'enfants, de toutes couleurs, ont joué au milieu des champs et sous les arbres, ont découvert comment poussent les choux et les poireaux, ont poursuivi les poules et ramassé leurs œufs. Sans faire d'angélisme, il est permis de croire qu'ils courent moins le risque d'être bientôt des adolescents délinquants ou toxicomanes que ceux dont le seul horizon quotidien est la poussière des rues. Et il est sûr que si leur enfance continue à se dérouler sous de tels auspices, ils seront des adultes et des seniors en bien meilleure santé que ceux qui n'ont pas cette chance.

Ne les privons donc pas de leurs Olivades et souhaitons qu'ils puissent un jour utiliser le tramway et leurs jambes pour s'y rendre !

Et laissons les Olivades continuer d'être ce lieu exemplaire qui ne cesse de faire des émules dans notre région et en France, afin que de plus en plus d'enfants aient les mêmes chances que ceux des Olivades. Ni le Ministère du budget ni celui de la santé et des affaires sociales, ni ceux de la justice et de l'intérieur, ni évidemment celui de l'environnement, et j'en oublie sans doute, ne sauraient nous contredire.

Remerciements

Les innombrables personnes rencontrées depuis 2001 sont toutes à remercier pour avoir apporté, chacune, une part et contribué à la construction de cet ouvrage. Merci à tous ceux qui m'ont encouragée à écrire ce livre, fruit de toutes ces rencontres.

Des remerciements particuliers vont à ceux qui ont participé à l'élaboration du livre. Merci à :

– Edith Vuillon, notre fille pour son investissement initial dans la découverte du concept et la transcription des actes du colloque 2004 qui nous a servi dans la partie : "Les AMAP dans le monde"

– Yolaine Vuillon, notre nièce, pour ses encouragements et sa volonté de nous voir écrire ce livre. Sa rédaction de la première mouture de la biographie de Daniel, nous a fortement inspirés pour l'écriture finale ainsi que pour son aide précieuse et la qualité de sa plume dans la partie intitulée "La sauvegarde des Olivades".

– Elizabeth Henderson pour avoir bien voulu préfacer cet ouvrage.

– Patrick Thomas, de l'AMAP de l'Epinoche (77) pour sa traduction de la préface.

– Valia Stepanoff, notre nièce, pour toute la mise en page et la typographie.

– Agnès Vuillon, notre deuxième fille et Miquela Bramerie pour leur participation éclairée.

– Pierre Belouin, amapien, pour l'iconographie.

– Alain Le Breton de l'AMAP Durance (05), pour les photos offertes.

– Pascal Hennequin de l'AMAP des Pâtissons du Montois (77), pour les photos offertes.

– Valérie Thyot de l'AMAP Croquevert (13) pour les photos offertes du premier pique-nique à la ferme

– Michel Salmona qui a suivi et analysé la résistance et l'évolution des petits agriculteurs depuis 1970.

– Zuù J.0.Salinas Vieillard, pour la photo de la page de couverture.

L'HARMATTAN, ITALIA
Via Degli Artisti 15; 10124 Torino

L'HARMATTAN HONGRIE
Könyvesbolt ; Kossuth L. u. 14-16
1053 Budapest

L'HARMATTAN BURKINA FASO
Rue 15.167 Route du Pô Patte d'oie
12 BP 226 Ouagadougou 12
(00226) 76 59 79 86

ESPACE L'HARMATTAN KINSHASA
Faculté des Sciences sociales,
politiques et administratives
BP243, KIN XI
Université de Kinshasa

L'HARMATTAN CONGO
67, av. E. P. Lumumba
Bât. – Congo Pharmacie (Bib. Nat.)
BP2874 Brazzaville
harmattan.congo@yahoo.fr

L'HARMATTAN GUINÉE
Almamya Rue KA 028, en face du restaurant Le Cèdre
OKB agency BP 3470 Conakry
(00224) 60 20 85 08
harmattanguinee@yahoo.fr

L'HARMATTAN CÔTE D'IVOIRE
M. Etien N'dah Ahmon
Résidence Karl / cité des arts
Abidjan-Cocody 03 BP 1588 Abidjan 03
(00225) 05 77 87 31

L'HARMATTAN MAURITANIE
Espace El Kettab du livre francophone
N° 472 avenue du Palais des Congrès
BP 316 Nouakchott
(00222) 63 25 980

L'HARMATTAN CAMEROUN
BP 11486
Face à la SNI, immeuble Don Bosco
Yaoundé
(00237) 99 76 61 66
harmattancam@yahoo.fr

L'HARMATTAN SÉNÉGAL
« Villa Rose », rue de Diourbel X G, Point E
BP 45034 Dakar FANN
(00221) 33 825 98 58 / 77 242 25 08
senharmattan@gmail.com

35902 - janvier 2012
Achevé d'imprimer par
1livre.com
du rêve à la réalité !